KB169874

4-7세보다 중요한 시기는 없습니다

4~7세보다 중요한 시기는 없습니다

아이의 정서와 인지 발달을 키우는 결정적 시기

이임숙 지음

"선생님은 아이들을 정말 잘 키우셨을 것 같아요."

누군가 제게 이렇게 말했습니다. 저는 잠시 고민했습니다. 과연 저는 제 아이를 잘 키웠을까요?

"글쎄요. 지금 아는 것을 저도 그때는 다 알지 못해서…."

이와 같은 제 대답은 '지금 아는 것을 그때 알았더라면 얼마나 좋았을까.' 하는 커다란 아쉬움의 표현이자, 엄마의 무지함으로 제 아이들을 힘들게 한 것에 대한 변명이며, 유아기 아이가 '3가지 마법의 열쇠'를 갖도록 키우는 것이 얼마나 중요한지를 강조하는 말입니다.

모든 부모는 자신의 아이를 잘 키우고 싶습니다. 밝고 자존감 높은 아이로, 친구에게 다정하며 친구와 잘 어울리는 아이로, 새로운 것을 배우고 공부하는 걸 즐기는 아이로 키우려 하지요.

아동·청소년 심리치료사로 일해 온 25년 동안 수많은 아이를 만났습니다. 그 안타까운 사례를 통해 많은 것의 밑바탕이 되는 유아기 아이를 잘 키운다는 것이 얼마나 중요한지 깨닫고 또 깨달았습니다.

15만 부 판매 기념 감사 인사를 쓰기 위해 이 책을 읽은 분들의 리뷰를 다시 꼼꼼히 살펴보았습니다.

"잘 놀아 주기만 하면 되는 줄 알았는데, 무엇을 놓치고 있는지 알게 되었습니다."

"책을 읽기 전에는 아이가 내 말을 잘 따라 주기만을 바랐습니다. 지금은 아이가 '3가지 마법의 열쇠'를 가질 수 있도록 키우는 것이 얼마나 중요한지, 아이를 지지하고 격려하는 게 얼마나 중요한지 깨달았습니다."

"육아 고민이 많았는데, 이 책을 읽고 생각이 정리되었습니다. 두고두고 읽고 싶은 책입니다."

진심 어린 소감에 참 고마운 마음입니다.

이쁘지 않은 아이가 없습니다. 하나같이 자신만의 개성으로 눈부시게 빛나는 아이들입니다. 아이의 빛나는 순간을 놓치지 않고 잘 키워 주세요. 부모와 아이 모두에게 행복한 육아가 될 것입니다.

고마움과 응원의 마음을 담아
이임숙 올림

아이의 4~7세 시기로 돌아갈 수만 있다면

"5살 때 엄마한테 두들겨 맞으면서 한글을 배웠어요."

10살 아이가 눈물을 글썽이며 말합니다. 어린아이를 앞에 두고 무섭게 혼내며 한글을 가르치는 엄마의 무지막지한 모습이 그려집니다. 작은 가슴에 저렇게 아픈 기억이 맺혀 있다면 커가면서 학교생활과 공부가 힘겨워지는 건 당연하겠지요. 그런데, 정말 엄마가 공부 때문에 아이를 학대한 걸까요? 혹시 아이의 기억이 과장된 감정적 기억은 아닐까요? 확인해봐야 합니다.

"처음에 아이한테 공부를 가르치실 때 많이 힘드셨나 봐요. 혹시

체벌도 하셨나요?"

이 말에 엄마는 크게 한숨을 쉬며 말합니다.

"아무리 가르쳐도 계속 잊어버리니까 화가 나서 손등을 살짝 친 적은 있어요. 그런데 애가 그걸 기억해요?"

엄마는 손등을 살짝 쳤다고 하고, 아이는 두들겨 맞았다고 합니다. 두 사람 중에 누가 거짓말을 하는 걸까요? 모두 거짓말이 아니었습니다. 그렇다면 왜 이렇게 기억에 차이가 날까요? 아이의 힘들고 두려웠던 마음은 엄마가 손등을 살짝만 쳐도 온몸을 두들겨 맞은 듯한 감정의 기억으로 남았고, 시간이 가면서 사실처럼 기억하게 된 것입니다. 그렇다고 이 아이가 공부를 아주 못한 것도 아니었습니다. 6살에 한글을 깨쳤고 수학도 꽤 잘했습니다. 하지만 아이에게 공부는 늘 가슴을 짓누르는 무거운 짐이 되었고, 3학년이 되어 일기장에 '난 바보야. 죽는 게 더 나아'라는 말을 써놨습니다.

이 아이만의 이야기가 아닙니다. 25년 전 아동 심리를 공부하기 시작했을 때 우리나라 아이들이 가진 정서 문제의 70% 이상이 공부 때문이라는 말을 들었습니다. 그런데 지금 아동 청소년 상담 현장에서의 심각성은 그보다 더 크게 느껴집니다. 처음엔 엄마 아빠와의 애착 문제나 친구 관계 문제로 시작하지만, 결국엔 아이의 공부 문제로 귀결되는 현실을 보면서 안타까운 마음에 늘 똑같은 생각을 하게 됩니다. 바로, 아이의 4~7세 시기로 돌아가 처음부터 정서와 인지 발달, 즉 공부력을 탄탄히 키워주고 싶은 간절한 마음입니다.

제가 강조하는 공부력이란 공부 실력만을 말하는 것이 아닙니다. 진정한 공부력은 공부를 좋아하고 배우기를 즐기는 긍정적인 공부 정서, 자신이 잘할 수 있다는 공부 자존감, 어려워도 끝까지 해내는 성숙한 공부 태도, 인지 능력과 비인지 능력을 모두 아우르는 '공부하는 힘'을 말합니다. 아이의 공부력을 키우기 위해서는 '4~7세보다 중요한 시기는 없습니다'. 4~7세는 언어를 담당하는 측두엽의 발달로 언어 폭발이 일어나고, 종합적인 사고 기능과 인성, 그리고 도덕성을 담당하는 전두엽이 집중적으로 발달하는 시기입니다. 즉, 아이의 평생 공부력으로 이어지는 정서와 인지 발달을 키워야 할 결정적 시기입니다.

아무도 아이가 공부 때문에 상처를 입고 좌절하면서 커가길 바라지 않습니다. 하지만 정작 공부를 시작하면 그 악순환의 고리 속으로 발을 내딛는 경우가 너무나 많습니다. 부모라면 누구나 아이가 재미있게 공부하며 건강한 공부 정서와 공부 자존감, 성숙한 공부 태도와 공부 실력을 키우는 아이로 커가길 바랍니다. 하지만 공부와 놀이에 대한 이분법적 사고는 놀이와 공부를 양극단으로 몰아 둘 중 하나의 선택을 강요하는 현실이 되어버렸습니다. 그 결과, 4~7세 아이가 제대로 놀지도 못하고 즐겁게 공부하는 방법도 배우지 못하는 안타까운 모습으로 변해가는 걸 보면서 이 책을 더 이상 미루면 안 되겠다고 생각했습니다.

소중한 우리 아이의 정서와 인지 발달을 키우는 쉽고 재미있고 효과적인 방법이 있습니다. 독서를 통한 배경지식과 다양한 경험을 통한 암묵적 지식 키우기, 찾기 놀이, 듣고 말하기 놀이, 기억 놀이를 통한 주의력 키우기, 하고 싶지만 참아야 하고, 꼭 해야 하는 건 조금 힘들어도 해내는 자기 조절력 키우기입니다. '지식, 주의력, 자기 조절력', 이 3가지가 아이의 긍정적인 공부 정서와 탄탄한 공부 실력을 키우는 마법의 열쇠입니다. 감히 마법이라 이름 붙일 수 있는 이유는 시작은 미미할 수 있지만, 아이가 커갈수록 신기하게도 강력한 효과를 발휘하기 때문입니다.

연년생인 저의 두 아이가 4~7세이던 시절, 아이들의 웃는 모습을 지키려는 간절한 바람과 공부와 놀이는 하나라는 신념으로 3가지 마법의 열쇠를 키울 수 있도록 애썼습니다. 감사하게도 아이들이 한 해 한 해 성장하는 모습을 통해 그 강력한 힘을 확인하고 또 확인할 수 있었습니다. 혹시라도 저의 지나친 주관적 판단일까 염려되는 마음으로 두 아이에게 이 책의 추천사를 부탁했습니다. 어린 시절의 놀이와 공부에 관해 어떻게 기억하는지, 그리고 자신들이 경험한 3가지 마법의 열쇠에 대한 의견이 궁금했기 때문입니다. 지금까지 강의나 책에서 절대 자기 이야기를 하지 말라던 두 아이가 선뜻 마음을 바꿔 추천사를 써줘 진심으로 고마웠습니다. 그리고 그 시절 아이들과 함께 나비를 잡으러 산과 들로 다니고 말놀이와 보드게임을 즐겨준 남편에게도 깊은 고마움을 전합니다.

부디, 엄마로 살아온 30여 년, 마음 아픈 아이들을 치유해온 20여 년의 시간 동안 제가 얻은 깨달음과 제 두 아이의 경험이 4~7세 아이의 정서와 인지 발달을 키우는 데 꺼지지 않는 불꽃 같은 길잡이가 될 수 있기를 바랍니다.

2021년 이임숙 씀

딸의 이야기

새마을호를 타고 외할머니 집에 놀러 가는 날이면 엄마와 동생, 그리고 나는 기차의 창밖을 바라보며 '창밖에 있는 물건 이름 말하기 놀이'를 했다. 이 놀이에는 다른 사람이 이미 언급한 물건은 더 이상 말할 수 없는 룰이 있었기 때문에 나는 그 무렵부터 밭을 가는 '황소'와 우유를 짜는 '젖소'의 차이라든가, 지붕에도 '슬레이트 지붕', '기와지붕', '초가지붕'처럼 다양한 종류가 있다는 사실 따위를 기억하려고 애썼다.

당시에는 수학 공부가 될 거라고 자각하지는 못했지만, 엄마는 나와 동생에게 산수 학습지를 시키는 대신에 함께 숫자 놀이를 했다. 숫자를 세고 가위바위보로 따먹기 놀이를 하고, 주사위 여러 개로 숫자 10 만들기 놀이도 했다.

초등학교 때 친했던 친구들은 학교에서도 학원에서 있었던 일을 이야기하곤 했다. 괜한 소외감에 친한 친구들을 따라 학원에 다녀볼까 하는 생각이 들었고, 엄마를 졸라 잠시 학원에 가보기도 했지만 적응하지 못하고 금방 그만뒀다. 학원에서는 내가 소화할 수 있는 이상으로 너무 오랜 시간을 앉아 있어야 했다. 그 때문인지 흔히 말하는 선행 학습이 이뤄져 있지 않았던 나는 항상 시작이 미미했다. 초등학교 저학년 때 애국가 받아쓰기에서는 100점 만점에 20점을 받아 방과 후 교실 앞에 무릎 꿇고 앉아서 애국가를 20번이나 써야 했고, 중학교 입학 후 첫 중간고사에서는 가장 친하게 지냈던 친구들 중에서 제일 시험을 못 봤다.

엄마는 이런 결과를 갖고 와도 크게 대수롭지 않게 여기며 "그럴 수도 있지", "그래서 기분이 어때?", "그러면 이제 어떻게 하고 싶어?"라고 물어보셨다. 처참한 결과에 악에 받친 나는 그제야 "문제집이라는 걸 한번 풀어봐야 할 거 같아. 사다 줄 수 있어?"라고 말했고, 엄마는 별말씀 없이 서점에 가서 문제집 몇 권을 사다 주셨다.

그 후 나는 어쩌다 보니 중고등학교를 1등으로 졸업하고, 남들이 가고 싶어 하는 대학을 나와 지금은 하는 일에 만족하며 즐겁게 살고 있다. 항상 시작은 미미했으나 그 과정과 결과에서 웃을 수 있었던 건, 보이지 않는 엄마의 도움 덕분이 아닐까 생각해본다.

이 책에는 나와 동생, 그리고 그 후 수많은 내담 아동들을 훈련시키며 체득한 엄마의 노하우가 담겨 있다. 그 방법들은 생각보다 어렵지 않고 따라 하기도 쉽다. 무엇보다 놀이의 형태로 인지 훈련을 시키면 억지로 책상 앞에 앉아 학습지를 풀게 하거나 아이가 싫어하는 학원에 보내면서 발생하는 많은 마찰을 피할 수 있다. 내 아이가 4세에 접어들면 나 역시 다시 한번 이 책을 꺼내 볼 예정이다. 엄마, 손주도 잘 부탁드려요. 하하.

당신을 존경하는 딸(32세, 변호사)

아들의 이야기

왼쪽 슬리퍼를 오른발에, 오른쪽 슬리퍼를 왼발에 신었던, "엄마 나 배고파"를 "엄마 나 개고파"라고 말했던, 또래 친구들이 ABC를 읽을 때 가나다도 제대로 읽지 못했던 나는, 한 걸음, 아니, 한 세 걸음 정도 느리게 걷는 아이였다. 하지만 괜찮았다. 오히려 이런 내 모습을 즐겼고, 나 자신이 자랑스러웠다. 내 세상의 전부인 엄마와 아빠는 늘 밝은 미소로 나를 지켜봐주셨으니까.

엄마와 아빠는 매번 슬리퍼를 반대로 신는 나를 멋 부릴 줄 아는 아이로, "개고파"라고 말하는 나를 재밌게 표현할 줄 아는 아이로, 가나다를 제대로 읽지 못했던 나를 글자보다는 숫자를 더 좋아하는 아이라고 말해주셨다. 아마도 그때부터였던 것 같다. 남들보다는 조금 느리더라도 언제든지 앞서나갈 수 있다는, 나 자신에 대한 믿음이라는 힘이 생겼던 건.

우리 집에는 책이 많았다. 물론 글자를 읽지 못했던 나는 내용을 이해하지 못했다. '그래도 난 숫자는 읽을 수 있으니깐' 책 속의 그림과 숫자만을 보면서 내용을 상상하며 읽었다. 그리고 나서 엄마와 아빠가 읽어줄 때 내가 생각했던 내용과 전혀 다른 이야기였다는 사실을 알게 되는 것도 정말 즐거웠다. 그리고 즐거워하는 내 모습을 보는 엄마와 아빠의 얼굴엔 늘 환한 미소가 함께했다.

나는 승부욕이 있는 편이다. 동네 형 누나들과 보드게임을 자주 했는데, 기본적인 룰도 잘 이해하지 못했던 나는 지는 게 일상이었다. 그래도 낙담하지 않았다.

"잘하고 있어. 어떻게 그런 생각을 했니? 대단해. 갈수록 실력이 좋아지는 게 보여. 네가 할 수 있는 것들을 하나하나 해나가는 것만으로도 정말 멋있어."

항상 엄마의 말씀은 내가 지고 있을 때, 혹은 졌을 때도 잘했다는 생각이 들게 해줬다. 이후 어느 순간부터 형 누나들과 대등하게 게임을 하는 내가 있었다.

유치원에 다닐 때, 내가 가장 즐거웠던 순간은 유치원 버스가 오기 전이었다. 버스가 오기 30분 전에 미리 밖으로 나가 엄마와 함께 배드민턴을 쳤다. 배드민턴을 치고 유치원에 간 날의 컨디션은 항상 최고였다. 덕분에 몸을 움직이고, 땀을 흘리고 난 후에 기분이 좋아진다는 걸 그때부터 알게 되었다.

부모에게 아이는 축복받은 작은 씨앗이다. 작은 씨앗에게 부모는 세상의 전부다. 엄마와 아빠의 미소는 씨앗을 찬란하게 비춰주는 태양이고, 따뜻한 말은 씨앗을 감싸주는 포근한 바람이다. 축복받은 작은 씨앗이 성장해서 또 하나의 세상을 만들 수 있길 바라는 모든 어머니와 아버지에게 이 책을 추천한다. 그리고 지금까지도 내가 힘들 때면 언제든지 돌아갈 수 있는 세상을 만들어준 나의 어머니와 아버지에게 감사를 표한다.

당신을 존경하는 아들(31세, 영재교육원 연구원)

차례

Part 1

왜 4~7세가 아이 발달의 결정적 시기일까?

4~7세에게 꼭 필요한 정서와 인지 발달의 균형

Part 2

아이의 발달을 위한 마법의 열쇠 I. 지식

Part 3

아이의 발달을 위한 마법의 열쇠 II. 주의력

Part 4

아이의 발달을 위한 마법의 열쇠 III. 자기 조절력

STEP 01 자기 조절력 없이는 공부도 없다

STEP 02 자기 조절력이 가진 힘

STEP 03 자기 조절력을 키우는 최고의 방법, 놀이와 심리 기법

Part 5

4~7세 공부, 지금 시작합니다

왜 4~7세가
아이 발달의
결정적 시기일까?

: 오늘도 부모는 혼란스럽다

'아니! 저 애는 벌써 한글을 읽네? 우리 애는 아무것도 모르는데.'

이제 겨우 4~5세인 아이가 벌써 글자를 깨치고, 덧셈도 알고, 영어로 짧은 대화를 하기도 한다. 알아보니 또래 엄마들은 비싼 교구도 구입하고, 방문 선생님을 불러 한글, 수학, 창의력 교육을 시키기 시작하고, 영어 유치원을 보내기도 한다. 나만 아이를 방치하고 있었던 건 아닌지, 우리 아이만 뒤처진 건 아닌지 가슴이 덜컥, 조바심이 난다.

'이제 공부를 시켜야 할 때인가? 도대체 뭘 해야 하지? 어떻게 해야 하지?'

한편으로는 이런 마음이 조심스럽다. 사랑스럽고 예쁘기만 한 아이가 맘껏 놀며 건강하고 씩씩하게 자라면 더 바랄 게 없다고 생각했다. 아직 더 놀아야 할 때고, 어린아이에게 공부를 시킨다는 게 너무 극성스러운 것 같아 마음이 켕긴다. 아이가 태어날 때부터 공부로 괴롭히지 않겠다고 다짐했기에 과한 욕심은 아닌지 망설여진다. 도대체 어떻게 하는 것이 올바른 방법일까?

이처럼 4~7세 아이를 잘 키우고 싶어 고민하고 있다면 지혜로운 답을 찾기 위해 한 가지 기준을 세우면 좋겠다. 바로 정서와 인지의 균형 발달이다. 부모가 제공하려는 것이 아이의 발달에 적합한지 평가해보는 것이다. 너무 교과서적인 말로 들릴 수도 있겠지만, 균형 발달은 매우 중요하다. 안정감 있는 정서 발달도 중요하고, 인지력의 발달 또한 절대로 놓치면 안 된다.

한번 생각해보자. 4세 아이가 수학 문제를 척척 풀고 독서 수준이 높으며 영어도 곧잘 한다. 그런데 이 아이는 제멋대로 독불장군이다. 마음에 들지 않으면 소리를 지르고 물건을 던지며, 친구와 어울리지 못하고, 욕심부리거나 빼앗는 행동을 보인다. 이 아이가 과연 잘 자라고 있다고 말할 수 있을까? 반대의 경우도 마찬가지다. 7세 아이가 밝으며 인사성이 좋고, 친구와도 잘 놀고, 배려도 잘한다. 하지만 아이는 아직 한글을 모르며, 1~10까지의 수 세기가 서툴러 무시당하기도 하고, 독서량이 부족해 친구들이 다 아는 것을 혼자 모르기도 한다. 이 아이도 걱정스럽기는 마찬가지다.

이렇게 균형이 무너지는 느낌이 들면 부모는 혼란스럽다. 아이의 부족한 점에 대한 이런저런 주변의 이야기에 마음이 상한다. 이때부터 부모의 마음이 균형을 잃고 한쪽으로 치우치기 시작한다. 주변 분위기에 휩쓸려 똑똑하고 공부 잘하는 아이로 키우기 위해 영어, 한글, 수학 등 인지 교육을 시키는 쪽으로 쏠리기도 하고, 공부보다는 밝고 건강하며 행복하게 자라는 것이 더 중요하다고 생각해 인지 교육을 일부러 멀리하기도 한다. 그러면서도 '언젠가 잘하겠지'라고 근거 없이 믿으며 중요한 시간을 흘려보내는 쪽도 있다.

이처럼 편중된 육아 신념이 궁극적으로 아이의 정서와 인지 발달에 불균형을 일으켜 결국엔 전혀 예상치 못한 문제가 발생하게 된다는 사실을 알아야 한다. 경쟁 때문에 공부를 시켜야 하는 것이 아니라, 아이의 안정된 정서와 인지 능력의 발달을 위한 공부가 필요하다는 의미다. 혹시라도 4~5세 아이에게 아직 공부가 이르다고 생각한다면, 반대로 공부가 중요해서 억지로

라도 열심히 시켜야 한다고 생각한다면 더더욱 짚어봐야 할 문제다. 공부에 대한 잘못된 고정 관념은 아닐지 부모 스스로 점검해볼 필요가 있다.

안정된 정서를 기반으로 배움이 본격적으로 시작되는 시기가 4세 즈음이다. 세상을 탐색하며 알고자 하는 욕구가 무척 강해지고, 하나씩 새로운 걸 배울 때마다 뿌듯해한다. 그러니 이 시기에 아이에게 한글과 수학을 가르치고, 영어를 몇 문장이라도 자연스럽게 말하는 능력을 키워주고 싶다는 부모의 바람은 적절하고 바람직하다. 다만, 중요한 전제 조건이 있다. 정서 자존감뿐만 아니라 공부 자존감도 키우는 방법이어야 한다. 잘 놀면서 좋은 인성과 사회성은 물론 공부력도 발달시켜야 하는 것이다.

따라서 건강한 공부 자존감과 효율적인 공부력을 키우기 위해 가장 중요한 것은 '무엇으로 가르치는가?'가 아니라 '어떻게 가르쳐야 할 것인가?'다. 무엇을 가르친다는 '공부 내용'보다는 아이가 무엇을 어떻게 받아들이는지에 따라 달라지는 '공부 정서'가 더 중요하다는 뜻이다. 아무리 많은 내용을 배우고 알아도 공부와 배움에 대한 짜증과 거부가 심해진다면 분명 잘못된 첫 단추를 꿰는 셈이다. 성숙한 정서 능력의 발달과 동시에 호기심과 의욕으로 충만한 공부력의 발달을 도와주는 것이 얼마나 중요한지 강조하고 또 강조하고 싶다.

：공부 내용보다는 공부 정서가 먼저다

아이의 공부를 시작하기 전에 부모가 먼저 점검해야 할 문제가 있다. 다음 질문에 어떤 답이 떠오르는지 생각해보자.

- 아이가 "숫자 세기 싫어!"라고 외친다면 무슨 말을 해줘야 할까?
- "한글 싫어. 안 해!"라고 도망가서 장난감만 만지작거린다면 어떻게 가르쳐야 할까?
- 엄마가 영어로 몇 마디 들려주니 "말하지 마!"라며 엄마 입을 막아버리고, 영어 애니메이션을 틀어주니 한국말로 볼 거라며 떼를 쓴다면 어떻게 해야 할까?

4~7세 아이의 공부에서 가장 중요한 지점은 바로 이런 경우들이다. 어리니까 부모가 이끄는 대로 잘 따라오겠거니 생각하면 오산이다. 아직 심리적 조절력을 제대로 키우지 못한 이 시기의 아이는 그야말로 원초적 욕구대로 움직인다. 재미없고, 싫고, 어려우면 하지 않겠다고 거부한다. 학습 심리 전문가들은 4~7세 시기에는 특히 아이가 즐겨 한다는 전제하에 한글, 영어, 수학을 놀이 삼아 가르치는 것이 중요하다고 강조한다. 하지만 정작 아이가 좋아하고 즐겨 하는 방법에 대해서는 정확히 알려주지 못

한다. 유아 교육 전문가들도 교재와 교육 방법에 대해서만 설명할 뿐 가장 중요한 노하우를 전해주지 못한다. 오롯이 부모의 몫으로 남는다.

부모는 아이가 싫다고 거부하는 경우엔 어떻게 해야 하는지를 전혀 알지 못한 채 아이의 공부를 시작한다. 그러다 보니 더 재미있고 효과적이라는 프로그램과 교재를 알아보는 데만 급급해진다. 열심히 정보를 검색하고 추천을 받아 크게 마음먹고 비싼 교재와 교구로 시작했는데, 아이가 흥미를 보이지 않으면 어쩔 줄 모른다. 정말 안타까운 경우가 아닐 수 없다. 잘못된 시작으로 아이는 공부를 점점 싫어하게 되는데, 부모는 그걸 모른 채 계속 들이대는 꼴이 되어버리니 말이다.

이래서는 앞으로 20년간 이어지는 기나긴 공부의 시간을 아이가 건강하게 버텨낼 힘이 사라지게 된다. 불행의 시작이다. 이렇게까지 말하는 게 심하다 싶으면 주변의 사춘기 자녀를 둔 부모들에게 의견을 구해보자. 어릴 적엔 그나마 부모가 시키는 대로 억지 공부를 하다가, 사춘기가 시작되는 4~5학년 무렵부터 공부와 담을 쌓는 아이들의 이야기를 굉장히 많이 들을 수 있다. 공부만 안 하면 그나마 다행이다. 등교 거부, 우울감, 공격성, 일탈 행동 등 정서 문제가 심각해져서 2차, 3차의 문제가 발생할 수도 있다. 우리 아이는 절대 그렇게 되지 않을 거라고 장담하면 안 된다. 지금 공부의 시작 방법에 따라 그 결과는 불을 보듯 뻔하다. 현재의 내가 겪는 중인 고민과 갈등의 과정을 이미 모두 거친 중학생 부모들의 말을 귀담아들어보자.

"애가 싫어하는 건 아무것도 소용없어. 내가 애를 너무 괴롭혀서 지금은 나랑 말도 안 하려고 해."
"학원과 과외로만 공부를 시켜서 이젠 아이가 스스로는 아무것도 못한다고 생각하는 것 같아."

공부와 담만 쌓는 게 아니라, 자존감은 바닥에, 공부 외의 다른 것에도 자신감이 없고, 부모와의 관계는 살얼음판이 되어간다. 소중한 우리 아이의 성장 모습이 이렇게 불행하게 변해가는 건 상상하기도 싫다. 이런 일은 미리 방지해야 한다. 하루하루 성장하며 좋은 인성과 훌륭한 인지 능력을 발휘하는 아이로 키우고 싶다면 지금부터 꼭 기억해야 할 것이 있다. 아이의 인생에서 처음 시작하는 공부가 호기심과 열정을 불러일으켜야, 또 이왕 시작한 공부를 끈기 있게 지속할 수 있는 심리적 태도를 키워줘야 평생의 공부로 이어진다는 사실을 말이다.

: 공부에 대한 부모의 고정 관념

아이의 정서와 인지 발달을 효과적으로 도와주기 위해 우선 4~7세의 공부에 대한 부모의 인식을 점검해봐야 한다. 다음 질문을 살펴보고 솔직하게 ( )에 O, X를 적어보자.

( ) 공부란 국어, 수학, 영어 등의 교과목을 말한다.

( ) 공부는 책상에 앉아서 학습지로 하는 것이다.

( ) 공부는 원래 어렵고 힘들다.

( ) 공부는 싫어해도 억지로 시켜야 한다.

( ) 노는 건 공부가 아니다.

( ) 공부를 시작하면 30분 이상 집중해야 한다.

( ) 공부 습관을 키우기 위해서는 싫다고 해도 정해진 분량은 꼭 시켜야 한다.

( ) 비싼 교재일수록 학습 효과가 좋다.

( ) 부모가 가르치면 화를 내니 사교육이 더 효과적이다.

( ) 놀이처럼 공부하면 도움이 되지 않는다.

○가 0~2개

아이 공부에 대한 긍정적이고 효과적인 방법에 대해 잘 알고 있다. 아이가 좋아하고 잘하는 방법을 적극적으로 활용한다면 즐거운 공부 생활이 될 수 있다.

○가 3~5개

부모 자신이 공부에 대한 긍정적인 경험이 있고, 아이의 공부에 대한 효과적인 방법을 찾아가고 있다. 구체적인 방법을 좀 더 안다면 아이의 공부를 효과적으로 도와줄 수 있다.

○가 6~8개

아이의 공부에 대한 부정적인 고정 관념으로 혼란스럽다. 부모 자신에게 도움이 되지 않았던 방법은 모두 버리고, 효과적인 방법을 찾기 위해 노력해야 한다.

○가 9~10개

아이의 공부에 대한 부정적인 고정 관념이 강해 앞으로의 공부 생활에 큰 어려움이 예상된다. 본격적인 공부를 시작하기 전에 4~7세 아이의 놀이 및 공부에 대한 이해와 공부에 꼭 필요한 심리적 준비에 대해 처음부터 다시 배우려는 자세가 필요하다.

부모 자신의 공부에 대한 부정적인 고정 관념이 어느 정도인지 점검했다면 이제 진지하게 생각해보자. 부모가 이런 고정 관념을 지닌 채 자신이 옳다고 믿는 방식대로만 밀고 나간다면 굉장히 위험하다. 공부를 시작한 지 한 달도 안 되어서 아이는 학습지만 보면 도망갈 확률이 매우 높다. 혹시 순한 기질의 아이라 힘들어도 부모 말을 따라서 억지로 공부한다면 더더욱 위험하다. 자기 동기 없이 억지 공부를 하다 사춘기가 되면서 우울과 무기력, 혹은 공격적인 행동으로 가족 모두 힘겨워지는 경우가 너무 많다.

공부가 국어, 수학, 영어로 이어지는 교과 학습에만 국한된다는 오해부터, 억지로 힘들게라도 공부는 꼭 해야 한다는 신념까지 잘못된 고정 관념을 버리고 공부를 시작해야 한다. 공부에 대한 부정적인 고정 관념이 불행한 공부로 이어진다는 사실을 기억하자. 물론 초등 고학년 정도가 되면 난이도가 높아져서 공부가 어렵고 힘겨운 것이 될 수 있다. 그러나 4~7세의 공부는 절대 그렇지 않다. '배우고 익히는 것이 즐겁다'라는 인지적 재미가 아이의 온몸에 스며들어야 한다. 조금 어려웠지만, 끝까지 해내서 뿌듯함을 경험하는 자기 조절력도 키워가야 하는 때다. 그러기에 공부는 호기심 어린 눈빛과 열정의 마음으로 시작해야 한다. 그래야 더 열심히 잘하려 애쓰게 된다. 아직 서툴게 수를 세고 한글을 틀리게 읽으면서도 그 표정은 신이 나고 눈빛은 반짝이며 두뇌가 팽팽 회전하는 느낌이어야 한다.

이제, 공부에 대한 잘못된 고정 관념을 버리고 아이가 좋아하면서도 즐거운 방법의 공부가 가능하다는 생각을 받아들이자. 4~7세 아이 공부의 기준은 다음과 같다. 재미가 없으면 아무 소용이 없다는 사실과 지금까지 몰랐던 흥미로운 공부 방법이 틀림없이 있다는 사실을 꼭 기억하자.

4~7세 아이 공부의 새로운 기준

- 아이의 공부는 재미있어야 한다.
- 아이가 싫어하면 좋아하는 방법을 찾아야 한다.
- 학습지나 교재보다 훨씬 더 효율적인 방법이 있다.
- 공부 놀이로 놀 줄 알아야 한다.
- 공부 자존감을 키우는 것이 공부 동기를 키운다.
- 억지 공부는 공부 동기를 없앤다.
- 재미있는 공부가 더 효과적으로 공부력을 키운다.
- 즐기며 공부하는 아이로 키워야 한다.

: 아이 공부를 위해 부모가 꼭 갖춰야 할 능력 5가지

부모가 아이의 공부를 도와주기 위해 요구되는 능력은 많다. 한글, 영어, 수학 등의 내용을 가르치는 능력에 국한되는 것이 아니다. 다양한 경험을 통해 생각하는 힘을 키워주는 능력, 정보의 홍수와 혼란 속에서 꼭 필요한 것과 아닌 것을 구분하는 능력, 이것저것 모두 시켜야 한다는 주변의 유혹을 물리치고 소신을 지켜가는 능력, 육아가 힘든 순간에도 아이에게 스마트폰과 미디어를 보여주지 않거나 최소한으로 유지하는 능력, 그리고 무엇보다 아이가 떼쓰고 울거나 심술을 부릴 때 마음 다치지 않게 훈육할 줄 아는 능력도 필요하다. 너무 많은 능력이 필요한 것 같지만, 핵심만 살펴보면 다음의 5가지로 정리된다. 아이의 공부를 위해 부모가 꼭 갖춰야 할 능력 5가지를 알아보자.

첫째, 4~7세 아이의 뇌 발달과 정서 발달이 어떻게 이뤄지는지 알아야 한다. 4세 아이가 "싫어. 내가!"라고 외치는 심리적 이유, 끊임없이 "왜?"라고 묻고 일을 벌이는 이유, 이기고 싶어서 우기고 심술을 부리는 행동의 발달적 의미를 알아야 한다. 그래야 미소를 지으며 여유롭게 대처할 수 있다.

둘째, 아이의 마음을 알아차려야 한다. 아이가 어떤 기질인지, 무엇을 좋아하고 재미있어하는지, 공부하는 지금의 감정 상태가 어떤지 알아차리는 것이 중요하다. 그래서 거부감 없이 편안하게 배우도록 안정감을 가질 수 있게끔 도와줘야 한다.

셋째, 공부를 잘하고 싶은 아이의 마음에 대한 믿음을 가져야 한다. 세상의 모든 아이는 공부를 잘하고 싶어 한다. 잘했을 때의 뿌듯함과 만족감이 다음엔 더 열심히 하겠다는 학습 동기를 키우게 된다. 모든 사람이 갖고 태어난 성장 욕구 때문이다. 그러니 혹시 아이가 공부를 거부한다면, 공부하기 싫은 것이 아니라 그 방법을 거부한다는 의미고, 자신에게 맞는 방법을 찾아주길 간절히 바라고 있다는 사실을 아는 것이 중요하다.

넷째, 아이가 즐겁게 몰입할 수 있는 공부 방법을 찾아 제공해야 한다. 어렵고 힘들어도 참으면서 해야 한다는 무지막지한 요구는 좌절감만 안겨줄 뿐이다. 재미있게 가르치는 방법이 궁극적으로 정서와 인지 발달을 도와주는 최고의 공부 방법이라는 확신을 가져야 한다.

다섯째, 대화 능력을 키워야 한다. 부모가 아이의 공부를 도와주는 방법은 '말'이다. 어려워서 하기 싫을 때, 흥미가 없는 것을 공부해야 할 때, 자꾸 틀려서 포기하고 싶을 때 감정을 조절해주는 능력, 재미있게 이끄는 대화, 집중하고 몰입하도록 도와주는 말하기 능력이 필요하다.

당연히, 이 모든 걸 다 잘할 수 있는 부모는 없다. 필자 또한

두 아이가 4~7세일 때 모두 잘하지는 못했다. 잘 모르기도 했고, 안다고 해도 성격에 맞지 않아 못 하기도 했다. 그럼에도 불구하고 아이들은 엄마와 통하는 한두 가지의 요소만으로도 스스로의 성장 욕구를 자극시키며 발전해갔다. 그러니 크게 걱정할 필요가 없다. 지금 나 자신이 잘할 수 있는 부분은 앞으로도 계속 진행하고, 부족한 부분은 조금만 보완해도 서서히 상승효과를 가져와 아이의 정서와 인지 발달을 모두 잘 키울 수 있다. 이 책을 읽는 동안 쉽고 재미있고 효과적인 공부 방법을 하나씩 깨쳐 나가게 될 것이다.

잘못된 공부의 시작이
아이를 망친다

: 느리다고 혼나다가 상처받은 아이

승현이는 아기 적부터 뒤집기, 걷기가 모두 또래보다 2~3달 느렸다. 무엇을 해도 또래보다 더디고 시간이 많이 걸리는 아이였다. 걱정은 되었지만 그래도 잘 자라 5살이 된 지금은 신나게 뛰고 달리는 데 아무런 문제가 없다. 공연히 걱정을 끌어안고 살았다는 느낌도 든다. 그런데 엄마의 걱정은 다른 데서 생겨나기 시작했다. 승현이는 말도 늦었다. 엄마, 아빠를 하기까지 또래보다 오래 걸렸고, 32개월이 넘어서야 겨우 두 단어를 붙여 말했다. 4살 때는 어린이집에 적응하는 데 많은 시간이 소요되었다. 엄마는 조바심이 났다. 혹시 언어 발달이나 지능에 문제가 있는 건 아닌지 걱정이 앞서 자꾸 아이한테 똑바로 말하라고, 따라 말하라고 채근했다.

그랬더니 5살이 되면서부터 또 다른 문제가 나타나기 시작했다. "몰라. 못 해. 안 할래"라는 말을 입에 달고 살게 된 것이다. 그림을 그릴 때도 만들기를 할 때도 글자를 배울 때도 마찬가지였다. 그나마 놀 때는 즐겁게 뛰어다니기를 좋아하지만, 남들 다 시작한 글자나 수 세기를 가르치려고 카드놀이, 영어 노래 듣기를 시도하려고만 하면 전부 거부한다. 그림책이라도 열심히 읽어주려 하지만 그마저도 흥미를 보이지 않는다. 친구들은 벌써 숫자도 척척 세고, 한글을 깨치기도 하는데, 승현이는 수 세기도 제대로 못 할 뿐만 아니라 한글에는 아예 관심조차 없다. 엄마 아빠의 걱정이 깊어만 간다. 승현이의 발달은 왜 원활하지 못하고 어려움을 겪게 되었을까?

: 가르칠수록 짜증 내고 공격성이 강해지는 아이

현우 엄마는 정말 지혜롭게 공부를 가르치고 싶었다. 수많은 정보를 검색하며 공부 계획을 정리한 후 아이가 좋아하는 활동 중심으로 프로그램을 짰다. 영어 유치원은 너무 부담이 크고 정규 교육 과정이 아니라 마음에 걸렸다. 그래서 일반 유치원을 다니며 영어는 과외 활동으로 보완해주기로 했다. 각 과목의 수업을 결정할 때는 일일이 찾아가서 설명을 듣고 아이와 체험 수업에 참여하는 것이 당연한 과정이었다. 아이가 한글도 일찍 떼고, 책도 많이 읽어 주변에서 똑똑하다는 칭찬을 들을 때면 무척 뿌듯했다. 그런데 시간이 지나자 전혀 예상치 못한 현상이 나타나기 시작했다. 다음은 현우 엄마의 하소연이다.

"아이가 원하는 대로 안 되면 화내고 악쓰고 물건을 던져요. 엄마를 때리기도 해요. 어떨 때는 자기 머리를 때리고 벽에 박치기하고 집을 나가버릴 거라고 협박도 합니다. 5살 아이가 저런 말을 할 수 있는 건가요? 달래도 보고 혼도 내봤지만 점점 심해지기만 합니다. 아이가 화를 내면 어떻게 대처해야 하나요? 훈육만 하면 아이는 화내지 말라며 더 소리를 질러요. 아침마다 유치원 안 가겠다고 떼쓰고 '엄마 아빠 싫어. 그러면 때린다. 나쁜 엄마야. 엄마는 나 안 좋아해' 이런 말만 자꾸 반복하고 있어요. 씩씩거리고 울고불고 난리 치는 모습에 정말 많이 지칩니다."

현우가 폭발하는 원인을 분석해보자. 올바른 행동을 배우지 못해서, 잘못했을 때 제대로 된 훈육을 받지 못해서, 평소 자주 혼나 정서적인 상처가 깊어서, 아이의 기질에 맞지 않는 육아법 때문에⋯ 이 중에 무엇이 가장 큰 원인일까? 아이의 발달에 문제가 생기면 가장 큰 요인은 부모와의 상호 작용 방법일 수 있다. 하지만 그것이 전부는 아니다. 무조건 엄마가 잘못했다는 말은 열심히 키우고 노력한 엄마에게 너무 억울한 말이다. 게다가 지금까지 현우 엄마는 아이의 정서적 반응에도 꽤 신경을 많이 쓴 편이다. 이유가 무엇인지 쉽게 눈에 보이지 않는다.

이럴 땐 아이의 마음속에서 무슨 일이 벌어졌는지 알아보기 위해 아이의 일과를 살펴보는 것이 무척 중요하다. 아침에 눈을 떠서 밤에 잠들기 전까지 아이가 느끼는 감정과 생각이 무엇인지 점검해봐야 한다. 그 과정에서 뭔가 과부하가 걸려 아이에게 정서적 문제가 나타난 것이 틀림없다. 점검하는 방법은 간단하다. 아이의 일과를 시간 순서대로 나열해서 적어보면 된다. 현우의 일주일 일과를 정리해 한눈에 들여다봤다.

월	화	수	목	금	토	일
유치원	유치원	유치원	유치원	유치원	키즈 카페, 박물관 등 사회성과 체험 수업	가족과 함께 놀이, 여행
생활 체육	사고력 수학	생활 체육	교구 놀이 수업	생활 체육		
창의력 수업	영어 과외	놀이 수학	한글 학습지	영어 학습지		

아이는 주중에 유치원을 다녀오고 나서도 하루 평균 2가지 이상의 사교육을 받고 있었다. 이 모든 일과가 끝나고 집에 오면 7시가 되고, 저녁 먹고 씻고 정리하면 어느새 잠잘 시간이다. 엄마 아빠와 편안하게 뒹굴며 즐거움을 만끽할 여유가 없다. 이 와중에 책도 읽어줘야 하고, 유치원 숙제도 해야 한다. 토요일이면 엄마들끼리 미리 약속한 키즈 카페 모임이나 다양한 체험 수업에 참석한다. 물론 아이가 다 좋아하는 활동이다.

하지만 5살 어린아이의 일과가 어른의 일과와 다를 것이 없다. 감각적으로는 즐거워할 수 있겠지만, 5살 아이가 감당할 수 있는 스케줄이 아니다. 아무리 좋아하는 활동으로만 구성한다고 해도 무리가 생길 수밖에 없는 구조다. 그러니 아이는 자신도 모르게 짜증이 나고 심술을 부리게 되는 것이다. 이대로라면 아이의 마음이 더 힘겨워질 거라는 건 너무 확실하다.

그렇다고 아이에게 인지 교육을 하지 말라는 말이 아니다. 아이가 소화해낼 수 있는 스케줄로, 약간의 노력으로도 더 큰 효율성을 얻는 방법으로 바꿔야 한다. 즐겁고 신나게, 그래서 조금 어려운 것도 거뜬히 도전하고, 성취감으로 다시 동기가 생기는 그런 아이로 커가도록 도와주면 된다. 그런 방법이 분명히 있다.

: 공부 스트레스를 준 적이 없는데 자신감이 부족한 아이

2년 전 희수 엄마는 친한 엄마들의 입김에 이끌려 사교육 공개 수업에 아이를 데려갔다. 놀이 수학과 활동 중심의 창의력 수업이었다. 그곳에 다녀온 아이는 너무 재밌다고, 또 가고 싶다고 보챘다. 엄마는 얼떨결에 따라갔지만 아이에게 사교육을 시킬 마음은 없었다. 4~5살 어린아이를 데리고 하는 수업이라 내용이 그리 어려운 것도 아니었던 데다, 동네 친구들과 놀이터나 집에서 놀면서 자연스럽게 배우는 것이 중요하다고 생각했다. 무엇보다 아직 어린아이에게 공부와 관련된 수업을 받게 하고 싶지는 않았다. 7살 혹은 초등학교 입학 후에 해도 충분하다고 생각했다. 대신에 놀면서 그 정도의 지식은 얼마든지 자연스럽게 습득할 수 있을 거라 확신했고, 아이가 좀 더 밝게 놀며 건강하게 자라길 바랐다. 종종 뜻을 같이하는 사람들과 함께 자연을 찾았으며 아이도 즐겁게 놀면서 잘 지냈다.

그런데 6살이 되자 벌써 한글을 읽는 친구들이 많아졌고, 희수는 더듬더듬 손가락으로 수를 세는데, 친구들은 익숙하게 척척 덧셈까지 하는 모습을 보면서 조금씩 주눅이 들었다. 이후 7살이 되자 그렇게 밝고 당당하게 친구들 사이를 주름잡던 희수가 달라지기 시작했다. 공연히 심술을 부리고 잘 노는 친구들을 방해하거나 유치원 수업 시간에 딴짓을 하고 수업 도중에 교실 밖으로 나가버리는 일도 생겼다. 점차 선생님이 걱정하는 소리를 자주 듣게 되었으며 스트레스를 받은 엄마는 희수의 행동을 지적하기에 이르렀다. 무엇보다 엄마는 희수가 이렇게 달라지는 이유를 알 수가 없었다. 어려서부터 안정 애착을 위해 직장도 그만두고 아이 키우는 일에만 매진했다. 육아서도 많이 읽고 아이의 마음도 잘 공감해왔다고 자부했다. 힘이 들어도 아이가 신나게 노는 것이 가장 중요하다고 여겼다. 그런 노력에 아이도 부응하며 밝고 당당하고 자존감 높은 아이로 잘 크고 있다고 생각했다. 그러니 7살이 되어 나타나는 문제 행동을 도무지 이해할 수가 없었다.

이런 경우가 가장 안타깝다. 아무리 정서적으로 안정된 아이라도 자신이 친구보다 못하다는 걸 확인하면 얼마나 속이 상하는지 어른들은 잘 모른다. '난, 잘하는 게 없어. 난 못해'라는 끔찍한 자아 개념은 어린아이를 크게 위축시킨다. 속상하고 화난 마음을 조절할 힘 자체가 부족하니 공연히 심술부리는 태도로 나타나는 것이다.

5살은 아직 무척 어린 나이다. 벌써 이렇게 힘든 공부를 시켜야만 하는지 회의감이 들기도 한다. 하지만 그건 아동 발달에 대한 오해에서 비롯된 생각이다. 공부로 아이를 괴롭히는 사회적 현상의 불편감 때문에 반대로 아이의 인지 발달에 소홀해지는 현상이 나타난다. 이 또한 절대로 바람직하지 않음을 기억해야 한다.

물론 아직 어린 나이라 친구들이 한글을 읽고 영어로 노래를 불러도 아랑곳하지 않고 즐겁게 뛰어노는 아이도 있다. 하지만 이런 심리가 계속될 수 있을 거라고 확신하지 않기를 바란다. 6살 때도 7살 때도 씩씩하게만 자라면 된다는 생각으로 적절한 인지 교육을 하지 않으면 많은 경우 희수와 같은 스트레스가 나타난다. 자신이 친구들보다 능력이 부족하다는 생각에 주눅 들기 시작하면 아이는 점점 배움을 즐기지 않게 될 뿐만 아니라 조금만 수가 틀려도 폭발하게 되는 것이다. 안타까운 모습이다. 혹시 우리 아이에게 이런 모습이 나타나고 있지는 않은가?

: 그야말로 놀라운 5살을 만나다

모든 아이가 앞서 만난 승현이, 현우, 희수 같은 건 아니다. 감탄이 절로 나오는 5살도 있다. 이제부터 소중한 우리 아이의 공부를 어떻게 시작해야 할지 밝고 똘똘한 지민이를 통해 차근차근 알아보자. 지민이는 처음 보는 낯선 사람에게도 스스럼없이 인사를 잘한다. 호기심 가득한 눈으로 "이건 뭐예요? 한 번도 본적이 없어요"라며 말을 잘 걸기도 하고, "이거 갖고 놀아도 돼요?"라고 물어볼 줄도 안다. 밝은 인사성과 자기 생각을 표현하는 모습이 너무 예뻐서 아이를 보는 사람의 마음도 덩달아 맑아진다.

지민이와 조금만 같이 시간을 보내도 계속 놀라게 된다. 겨우 5살인데도 한글을 꽤 잘 읽는다. 자신이 좋아하는 책 제목뿐만 아니라 공룡 이름도 모르는 것이 없다. 그림책을 보며 그 내용을 자신만의 창의적인 아이디어로 발전시킨다. 사과를 그리며 사과 로봇이라 칭하고, 사과 안에 온갖 장치들이 있다고 설명한다. 사과 꼭지는 안테나고, 사과 속에는 향기 조절 장치, 색깔 조절 장치가 있다며 어려운 용어까지 사용하면서 상상의 나래를 펼친다. 간단한 영어 노래도 외워서 잘 따라 부른다. 놀라운 5살이다.

모두 아이가 이런 모습으로 자라나길 바라며 열심히 육아에 매진한다. 그런데 왜 자신감도 의욕도 없이 짜증만 내는 모습이 더 많은 걸까? 바로 배움에 대한 심리적 태도의 차이 때문이다. 지민이의 모습에서 가장 부러워해야 할 점은 아이가 지닌 인지적 지식의 양이 아니다. 새로운 것에 대한 호기심, 더 알고 싶어 끊임없이 묻고 찾아보는 열정, 그리고 조금 어려워도 계속하는 끈기, 이런 모습이 다른 아이들과의 확연한 차별점이다. 4~7세 아이가 가장 먼저 갖춰야 할 공부에 대한 심리적 태도, 이런 모습들이 타고난 것이라 오해하면 안 된다. 부모가 가르치고 아이가 배우기 시작하는 4살 즈음부터 서서히 형성된 마음의 태도다. 타고난 영재성을 지닌 아이들조차 공부에 대한 이런 마음을 발전시키지 못해 그 잠재력이 그냥 사그라드는 경우가 대부분이다.

그래서 학자들은 공부를 직접 다루는 '인지 능력'과 공부에 필요한 심리적 태도를 키우는 '비인지 능력'을 구분해서 이야기한다. 초롱초롱한 눈빛으로 배우고 익히기를 즐기는 아이는 분명 공부에 대한 비인지 능력이 잘 발달했기 때문임을 알아야 한다. 비인지 능력은 눈에 보이지는 않지만 인지 능력의 형성에 가장 큰 영향을 미치는 마법의 열쇠다. 상상하는 힘, 말하는 힘, 실천하는 힘, 포기하지 않는 힘 등 실제 생활과 공부에서 호기심과 열정을 갖고 어려워도 끝까지 해낼 수 있도록 이끄는 심리적 원동력이다. 비인지 능력이야말로 공부보다 선행해서 배워야 할 중요한 공부의 조건이다. 그래야만 시간이 갈수록 아이의 잠재력이 빛날 수 있다. 이제부터 아이의 공부 운명을 가르는 비인지 능력을 키우는 방법에 대해 차근차근 알아보자.

아이의 첫 공부는 부모에게 달려 있다

: 부모가 이미 결정해버린 아이의 공부 태도

부모의 양육 태도를 설명한 유형은 자주 소개가 되고 있다. 가장 대표적으로 민주적 부모, 권위주의적 부모, 허용적 부모, 독재적 부모 이렇게 4가지 유형으로 구분한다. 이름만으로도 어떤 양육 방식인지 쉽게 파악할 수 있다. 그런데 정작 성장의 주인공인 아이들이 어떤 모습으로 자라고 있는지에 대해서는 그만큼 관심을 갖지 못했다.

앞에서 아이들의 4가지 모습을 살펴봤다. 인성은 좋으나 인지능력이 뒤처지는 아이, 성격에 문제가 나타날 뿐만 아니라 인지 발달도 늦는 아이, 인지 능력은 좋으나 욕심을 부려 친구 관계가 어려운 아이, 인지 능력이 뛰어날 뿐만 아니라 밝고 당당하며 자존감까지 높은 아이. 이 중에서 우리 아이는 어떤 유형으로 발달하고 있는가?

아이를 잘 키우고 싶다면 한번 진지하게 생각해보자. 모든 부모는 의도했든 의도하지 않았든 이미 아이에게 공부를 시키기 시작했다. 놀이 중심의 엄마표 자연주의 방식도 공부며, 학습지와 교사를 중심으로 한 사교육 방식도 공부다. 여기서 중요한 건 공부의 방식과 그것이 아이에게 맞는지 그 여부에 따라 결과가 엄청나게 달라진다는 점이다. 부모가 이끄는 공부의 방식이 아이에게 어떤 영향을 주는지 모르는 채 불확실한 정보에 기대어 밀어붙이다 공부와 인성 발달 모두에 문제가 생기는 경우가 너무 많다. 부모는 잘 가르치기 위해 뭔가를 하고 있는데, 그게 아이의 인성과 공부력 발달에 도움이 되지 않고 오히려 부작용만 일으켰다는 사실을 나중에 깨달으면 얼마나 후회가 될까? 아직 문제 현상이 두드러지게 나타나지는 않았지만 이대로 가다간 초등 1~2학년이면 문제가 심각해질 조짐을 보이는 아이들이 너무 많다.

공부로 인해 정서 문제까지 심각해진 학생들을 만날 때마다 '다시 4~7세로 돌아가 재미있고 신나게 공부를 시작하면 얼마나 좋을까!' 하는 생각이 절실해진다. 물론 아이가 이미 공부를 너무 싫어하고, 초등학생인데 벌써 수학 포기자(아래 '수포자')가 되었다고 해도 완전히 늦은 건 아니다. 당장 그 지점부터 문제를 해결하려고 노력하면 아이의 공부력과 태도는 달라질 수 있다. 하지만 이미 공부의 출발점에서 방향이 어긋나 잘못 온 만큼 되돌아가서 다시 시작해야 하는 건 틀림없다. 이런 시행착오를 겪지 않았으면 좋겠다.

누구나 눈부신 아이가 될 수 있다. 밝고 당당하게 자신을 표현하고 친구를 배려하며 양보할 줄 아는 아이, 친구와 신나게 놀 줄 알면서 동시에 혼자 뭔가에 몰입할 줄 아는 아이, 적절한 수 감각을 키워가며 책도 즐겨 읽는 아이, 좋아하는 영어 노래를 들으며 외워서 부를 줄 아는 아이, 기억력 게임이나 규칙을 지켜야 하는 보드게임 혹은 생각해서 전략을 세워야 하는 놀이를 즐겨 하는 아이의 모습은 눈이 부시다. 우리 아이도 그런 아이로 키우고 싶다.

이제 올바른 방향으로 아이의 공부를 시작해보자. 혹시 아직도 공부라는 말에 불편함을 느낀다면 마음을 차분히 정리하기 바란다. 어린아이를 공부시키자니 너무 속물적이라는 생각, 다른 한편으로는 조금이라도 뒤처질까 불안한 마음, 이것이 바로 현재 대한민국 부모가 가진 공부에 대한 양가감정이다. 안타깝게도 이러한 양가감정은 공부에 대한 잘못된 선입견 때문에 생겨난다는 사실을 기억하면 좋겠다. 하루 세끼 밥을 먹고 이야기를 나누고 함께 웃고 쉬고 잠자고 배변 활동하는 일이 필수 과정이듯, 아이의 성장에는 배우고 익히는 공부가 필수다. 그래서 말과 글, 책 읽기를 비롯해 다양한 수학적 감각도 익혀야 하고 사회적 규칙과 질서도 배워야 한다. 영어가 꼭 필요한 세상이 되었으니, 영어를 왜 가르치냐는 질문도 사실은 앞뒤가 맞지 않는다. 다만, 언제 어떻게 가르칠까의 문제가 중요하다.

: 아이의 첫 공부, 왜? 무엇을? 어떻게?

아이의 첫 공부는 왜? 무엇을? 어떻게? 이렇게 3가지 질문으로 시작하면 좋겠다. 공부에 대한 심리적 태도에 가장 강력한 영향을 주는 질문이기 때문이다. 공부에 대한 심리적 태도가 어떤지에 따라 아이의 공부 방향은 이미 결정되었다고 해도 과언이 아니다. 그러니 무엇을 가르칠 것인가에서 4~7세 아이의 부모가 가장 염두에 둬야 할 부분은 비인지 능력을 키우는 일이다. 공부 내용을 가르치지 말라는 의미가 아니다. 당연히 아이는 배워야 한다. 다만, 공부의 양보다는 공부에 대한 심리적 태도와 비인지 능력을 키우는 데 초점을 맞춰야 한다. 만약 아이에게 수학을 가르치고 싶다면, 다음 문장의 빈칸에 들어갈, 부모인 내 머릿속에 가장 먼저 떠오르는 말을 생각해보자.

나는 수학이 (   ).

어떤 말이 연상되는가? 4~7세 시기의 수학 공부는 부모가 시작하는 경우가 대부분이다. 그런데 부모의 머릿속에 이미 자리 잡은 수학에 대한 이미지가 '싫다', '어렵다', '힘들다' 등이라면 아이가 수학을 즐겁게 공부할 가능성은 별로 없다. 아이에게 수학을 가르치는 선생님도 마찬가지다. 유치원 선생님이 수학을 싫어하면 자신도 모르게 감정이 나타나고 수학을 가르칠 때 그런 심정으로 시작하게 된다. 실제로 많은 연구에서도 부모와 교사가 수학을 싫어하면 아이도 수학 불안과 수학을 싫어할 확률이 매우 높다는 사실이 밝혀져 있다.

수포자 연구를 들여다보면 더 쉽게 이해할 수 있다. 2019년 한국교육과정평가원의 '초중학교 학습 부진 학생의 성장 과정에 대한 연구'를 살펴보자. 2017년부터 2년간 50명의 학습 부진 학생을 조사한 결과, 대부분이 수학에서 어려움을 겪었다. 학습 부진을 경험한 최초 시점은 초등 3학년 분수 단원이었던 것으로 나타났다. 이때 수학을 부정적으로 생각하는 학생들이 늘어났다는 것이다. 분수라는 용어가 낯설고 어렵기는 하지만, 사실 아이들은 어려서부터 알게 모르게 분수를 접한다. 사과 하나를 둘로 나누면 1/2로 표현할 수 있다는 것에 익숙한 아이라면 분수가 어려울 리 없다. 하나를 넷으로 나누면 1/4이 된다는 사실도 쉽게 이해한다. 실제로 4~7세 시기부터 보드게임을 통해 분수를 접해온 아이는 기초적인 분수 문제를 수월하게 풀기도 한다.

하지만 수학이 싫고 어렵고 힘든 부모와 교사는 지식은 순서대로 배워야 한다는 고정 관념 때문에 재미있게 능률적으로 가르치지 못했다. 계산이 어려워 수학이 싫어진 아이가 그나마 구구단 외우기까지는 겨우 버텼지만, 3학년이 되어 단위 분수, 진분수, 가분수, 대분수라는 어려운 어휘 앞에서 공부할 의욕이 사라져버리고 만 것이다. 그러므로 부모는 왜, 무엇을, 어떻게 가르쳐야 하는지에 따라 이후 아이의 공부 방향이 달라진다는 사실을 잘 알아야 한다.

결국 '어떻게 공부할 것인가?'의 문제를 해결하려면 부모의 생각을 정리하는 과정이 필요하다. 자발적이고 주도적이면서, 재미있고 효율적인 공부의 길을 제시하고 안내하는 것이 4~7세 아이 부모의 가장 중요한 역할인 셈이다.

: 공부를 시키는 걸까, 학대를 하는 걸까?

4~7세 아이의 공부에서 절대로 놓치면 안 되는 중요한 개념이 있다. 아이의 공부에서 '아동의 인권'이 잘 지켜져야 한다는 점이다. 갑자기 공부에서 인권을 논하다니, 뜬금없이 느껴질 수도 있다. 하지만 현장에서 목격한 슬픈 현실은 공부와 숙제를 시킨다는 명목으로 아이의 인권을 무시하고 학대하는 경우가 생각보다 많다. 다음 사항을 살펴보고 아동 학대라고 생각하면 O, 아니라고 생각하면 X에 표시해보자.

- 숙제를 다 못 한 아이를 붙들고 시키며 화내고 소리 지르기 (O, X)
- "친구는 벌써 한글을 읽는데 넌 어제 배운 걸 또 잊어버리니?"라고 말하기 (O, X)
- "숙제 안 할 거면 집에서 나가!"라고 소리치기 (O, X)
- 아이가 제대로 공부하지 않는다고 부모가 서로 탓하며 큰 소리로 싸우기 (O, X)

앞의 사항은 모두 아동 학대에 속한다. 부모는 '친구의 따돌림', '교사의 폭력' 등을 더 많이 걱정하지만, 실제로는 부모에 의한 인권 침해가 훨씬 심각하다. 신체 폭력에 대한 인식은 아주 많이 좋아졌지만, 정서 학대와 방임에 대한 인식은 아직도 요원하다. 형제자매나 친구와 비교하고 차별하며 편애하는 행위, 나가라고 소리를 지르거나 시설에 버리겠다고 위협하며 짐을 싸서 내쫓는 행위, 정서 발달 및 연령상 감당하기 힘든 일을 강요하는 행위는 모두 정서 학대에 속한다. 공부를 시키면서 점점 학대 수준으로 변해가는 상황을 부모가 인식하지 못하는 경우가 너무 많다. 한글 학습지를 앞에 놓고 따라 쓰라고 강요하기, 수 세기를 가르치며 아이가 또 틀렸다고 소리 지르기, 공부하는 아이를 무서운 표정으로 노려보기 등이 모두 아동 학대의 범주에 포함된다. 그리고 이와 같은 무서운 방식은 아이의 기억을 왜곡해 더 큰 심리적 후유증을 남기기도 한다.

어린 시절부터 강요된 공부 과정에서 쌓인 원망과 분노의 마음이 오랜 시간을 거쳐 사춘기가 되니 힘겨워질 수밖에 없는 것이다. 그렇기에 안정된 정서로 편안하고 재미있게 공부하는 것은 매우 중요하다. 만일 그렇지 못하다면 부모가 그토록 바라는 좋은 인성과 공부를 즐기는 아이로 키우겠다는 소망을 실현할 가능성은 희박해진다.

또 하나, 쉬는 시간과 노는 시간이 부족한 것도 인권 침해에 해당한다는 사실을 기억하자. 공부를 할 때 아이가 심리적으로 잘 보호받고 있는지 알려면 일상적인 삶의 구조를 살펴봐야 한다. 다음 질문에 대한 답을 천천히 생각해보자.

- 아이가 오늘 하루 마음껏 놀았다는 느낌이 드는가?
- 삼시 세끼 밥 먹듯 안아주며 사랑을 전하는가?
- 맛있는 음식을 함께 먹으며 감사와 사랑을 공유하는가?
- 잘못하고 실수했을 때 미소 지으며 기다려주는가?
- 책을 읽어주며 상상의 나래를 펼치게 도와주는가?
- 아이의 말을 귀담아들으며 끄덕여주는가?
- 자연의 작고 예쁜 것들을 바라보며 감상하고 감동하는가?
- 실수해도 아이 스스로 해낼 수 있도록 격려하며 지켜보는가?
- 행복한 어른으로 살아가는 모습을 보여주는가?

아이는 무조건 마음대로 할 때만 행복하다고 말하지 않는다. 자기 이야기를 들어주고, 자기 힘으로 뭔가를 완성했을 때 행복하다고 말한다. 그리고 엄마 아빠의 행복한 모습에서 행복을 느낀다. 소중한 우리 아이의 인권을 지키면서 동시에 즐거운 공부가 되기 위해 다음의 사항을 꼭 기억하자.

- 잘 먹어야 튼튼한 체력으로 공부할 수 있다.
- 잘 공부하기 위해 잘 놀아야 한다.

- 자연에서 체험하며 만끽해야 이해력이 높아진다.

- 재미있는 책 읽기가 중요하다. 배경지식의 기반이 된다.

- 느려도 기다려줘야 한다. 빨리 못한다고 재촉할수록 더 이해하지 못한다.

- 자기 힘으로 해낼 때 진정한 성취감을 얻는다. 혼자 할 수 있게 도와줘야
  한다. 그래야만 아이는 공부하는 자신이 만족스럽다.

4~7세에게 꼭 필요한 정서와 인지 발달의 균형

⦂ 평생 공부를 좌우하는 비인지 능력(feat. 페리 유치원 프로젝트)

4~7세 아이의 공부를 위한 교육 내용은 크게 2가지로 나뉜다. 수학, 영어, 한글 등 직접적인 교과목 학습인 인지 교육과 심리적·정서적 발달을 위한 활동인 비인지 교육이다. 둘 중 아이의 학업적 성취에 더 큰 영향을 미치는 건 어느 쪽일까?

공부를 잘하려면 당장이라도 인지 교육을 시켜야 할 것 같다. 하지만 여러 연구 결과들을 살펴보면 절대로 그렇지 않다. 비인지 교육이 성취에 더 크고 바람직한 영향을 미친다고 강조한다. 지금 대부분의 사람들이 알고 있는 것과는 전혀 다른 결과다. 잘

믿기지 않는다면 다음의 실험 이야기를 통해 무엇이 진정으로 아이의 발달과 공부에 도움이 되는지 알아보고 진지하게 생각해 보자.

1967년 미국의 심리학자 데이비드 웨이카트(David Weikart)와 그의 동료들은 3가지 유아 교육 프로그램의 상대적 효과를 평가 하기 위해 만 3~4세 68명의 아이들을 무작위로 세 그룹으로 나 눠 각각의 프로그램에 배정했다. 각 그룹의 프로그램 내용은 다 음과 같다.

- **A그룹**: 직접적인 인지 교육 프로그램으로 언어, 수학 및 독서에 관한 내용 을 직접 가르쳤다.
- **B그룹**: 전통적인 보육 프로그램으로 동물원과 서커스 견학 등 다양한 주제 에 대한 토론과 사회적 기술 개발에 초점을 뒀다.
- **C그룹**: 발달 원리를 적용해 아동을 적극적·주도적 학습자로 참여시키는 하 이스코프(HighScope) 프로그램으로 매일 아이들은 음악과 운동, 언어와 문 해력, 논리와 수학 중에 자신의 관심 분야를 자유롭게 선택하고 계획해서 수행했다. 여기서 교사는 아동의 경험을 촉진하는 역할을 했다.

각 프로그램은 일주일에 5일간 매일 2시간 30분의 수업과 매 주 1시간 30분의 가정 방문으로 시행되었으며, 4명의 교사가

20~25명의 아이를 담당했다. 일정 기간 진행된 후에 이 프로젝트는 결과 평가에서 실패로 간주되었다. 프로그램이 수행되고 나서 아이들이 10세가 되었을 때 세 그룹 간의 지능에서 유의미한 차이가 발견되지 않았기 때문이다.

그러다 수십 년이 지난 후 2000년도 노벨경제학상 수상자인 미국의 경제학자 제임스 헤크먼(James Heckman)에 의해 이 연구 결과는 다시 분석되었다. 그는 노벨상 수상 이후 아이들의 성장으로 관심사를 확대했고, 다음과 같은 궁금증을 갖기 시작했다.

'어떤 기술이나 성격을 지녀야 성공할 수 있을까?'
'그런 기술과 성격은 어릴 때 어떻게 개발시킬 수 있는가?'
'부모들이 어떻게 관여해야 아이들이 더 잘 성장할까?'

특히 4~7세 아이의 성장에 관해 관심을 갖게 된 헤크먼은 우연히 앞에서 언급한 '페리 유치원 프로젝트(The HighScope Perry Preschool Project)'의 자료들이 수십 년간 한 번도 분석되지 않은 채로 남아 있다는 사실을 알게 되었다. 그가 다시 이 프로젝트의 장기적인 효과를 들여다본 결과, 그 후 중요한 현상이 일어났다는 사실을 발견할 수 있었다. 3가지 중 하나였던 프로그램의 긍정적인 효과가 수십 년간 반영되고 있었던 것이다. 헤크먼에 의해 다시 꼼꼼하게 연구된 결과를 살펴보자.

페리 유치원 프로젝트 실시 후 초등 3학년 정도까지는 모든 그룹의 IQ가 상승했고, 그중에서도 직접 교수법을 사용했던 A그룹의 IQ가 보육 프로그램을 사용했던 B그룹의 IQ보다 10 정도 높게 나타났지만, 하이스코프 프로그램을 사용했던 C그룹과의 두드러진 차이는 없었다. 하지만 아이들이 15세가 된 즈음부터 세 그룹 간의 집단적인 차이가 나타나기 시작했다. 언어와 수학을 직접 지도한 A그룹의 아이들이 정서적 교육을 실시한 B그룹과 주도적 교육을 실시한 C그룹보다 2.5배 많은 부정행위를 저지른 것으로 보고되었다.

시간이 흘러 그 경향은 점점 더 두드러져서, 23세가 되었을 때 A그룹은 B, C그룹보다 1인당 3배나 많은 범죄, 특히 경제 관련 범죄로 체포되는 비율이 나타났다. 게다가 A그룹의 47%는 학교생활 중의 정서적 혼란과 장애로 심리 치료가 필요한 상태였다. 반면에 나머지 두 그룹은 그 비율이 6%에 그쳤다. 결국 4~7세 시기의 직접적인 인지 교육은 10세 정도까지만 지능 발달에 약간의 도움이 될 뿐, 오히려 청소년기가 되면서부터는 부정적인 모습이 두드러지게 나타난 것이다. 그런가 하면 성장에 도움을 받은 아이들이 얻은 혜택의 2/3가 호기심, 조절력, 사회성 등 비인지 요소들 덕분이었다는 사실을 발견했다. 그는 비인지 능력을 키우는 교육이 인지 능력을 키우는 교육보다 성취에 더 큰 영향을 미친다는 점을 확인하고 강조했다.

헤크먼은 아이들에게 인지 교육의 효과는 단기적이었으며, 그보다는 아이들이 얼마나 자주 거짓말을 하는지, 지각이나 결석을 하는지 등의 빈도수와 호기심, 그리고 친구나 교사와의 관계 등 사회성 발달 정도가 아이들에게 더 큰 영향력과 효과를 발휘했다는 사실을 확인했다. 이처럼 비인지 능력은 학업 성취와 무관하지 않다. 오히려 직접적으로 도움이 되고 중요한 것임을 알 수 있다.

그런데 안타깝다. 1960년에 시작해서 40년간 지속된 종단 연구의 결과는 지금 4~7세 아이를 가르치며 인지 교육에 편중된 우리의 현실을 돌아보게 만든다. 직접적인 인지 교육의 효과는 단기간에 사라지고, 비인지 능력의 정도가 아이의 미래를 예견한다는 연구 결과를 마주하고서도 당장 눈앞의 욕심에만 흔들리는 건 아닌지 생각해봐야 한다. 입에 달다고 해서 몸에 해로운 사탕과 초콜릿을 끊임없이 준다면 그건 진정한 사랑이 아니다. 아이의 공부에는 진정한 사랑이 필요하다. 아이의 삶이 행복하고 가치 있는 모습이 되기를 바란다면 무엇이 중요한지 꼭 기억해야 한다. 최근 어느 영어 유치원에서 수업 시간에 장난치는 5살 아이를 내치며 했다는 말이 걱정스럽다.

"우리 영어 유치원은 이런 문제 행동에 대해서는 가르치지 않습니다. 우선은 다른 곳에 가서 수업을 잘 들을 수 있는 태도를 길러서 오세요."

물론 이곳에 계속 다니면 아이의 영어 실력이 좀 더 좋아질 수는 있다. 하지만 아이 발달에 적합한 정서적인 상호 작용이나 보살핌 없이 직접적인 교육 내용만 가르친다면 이후 악영향이 생기지 않을 거라 보장하기는 어렵다. 부모인 내가 나도 모르는 사이에 공부 내용에만 몰두하고 있었다면, 지금 내가 하는 일이 10, 20년 후의 아이에게 어떤 영향을 미칠지 알고 가르쳐야 한다.

우리는 아직도 국어, 영어, 수학으로 대표되는 인지 교육만을 공부라고 생각한다. 아이의 공부를 시작해야겠다고 생각하면 제일 먼저 '한글을 언제부터 가르쳐야 할까?', '영어는 무엇으로 가르치면 좋지?', '수학은 어떤 교구나 학습지가 효과적일까?' 등의 고민부터 시작한다. 결국, 부모가 아이의 공부에서 인지 요소만 신경 쓰고 있다는 방증이다. 페리 유치원 프로젝트의 결과는 우리가 놓치고 있던 것을 일깨워준다. 4~7세 시기에 직접적인 인지 교육만을 시키는 건 아이의 삶에 치명적인 악영향을 줄 수 있다는 것. 수많은 교육 광고의 유혹과 주변 사람들의 불안 심리 자극에 절대로 휘말리지 않고 꼭 기억해야 할 중요한 사실이다.

: "뭘 하고 싶니?"에서 "하려고 했던 걸 다 했니?"까지

이제 인지적으로도 도움이 되며 정서적 성장에도 효과적이라 판명된, C그룹의 하이스코프 프로그램에서 4~7세 아이의 공부를 위한 힌트를 얻어보자. 여기서 핵심은 만 3~4세 아이들에게 '아이 주도적' 프로그램을 진행했다는 점이다. 아이를 자발성을 가진 배움의 주체로 여기기에 가능한 방법이다. 구체적인 내용은 다음과 같다.

날마다 선생님이 아이에게 물어본다. "뭘 하고 싶니?" 그러고 나서 아이가 말한 걸 실행하도록 한다. 시간이 지난 후 아이에게 "하려고 했던 걸 다 했니?"라고 물어본다. "이거 해라, 저거 해라" 라고 시키거나 교사 주도로 이끌어가지 않는다.

아이가 자신이 하고 싶은 걸 말하는 것이 곧 '학습 목표'를 설정하는 과정이고, 하려고 했던 걸 다 했는지 질문하는 것이 '자기 평가'의 과정이다. 자신이 생각했던 것과 자신의 행동을 되돌아보는 과정을 통해 아이는 처음에 계획한 바를 다시 행동으로 옮길 수 있으며, '마음을 조절'하고 그 활동을 완성하는 과정이 '성공 경험'이 된다. 그렇게 날마다 반복하면서 아이의 자율성과 주도성이 자라는 것이다. 그리고 자신이 '하고 싶은 것'이라는 목표는 아이의 내적 동기를 발전시킨다. 생후 36개월이 지난 아이부터 이 모든 과정이 가능하며, 4~7세 시기의 이러한 성공 경험을 통해 아이는 자율적이고 주도적인 학습자로 성장하는 것이다. 이제 어리게만 보이는 아이를 어떤 관점으로 봐야 하는지 다시 한번 정리해보자.

아이는 능동적 학습자다

- 아이는 스스로 계획하고 실행하고 평가하며 학습하는 능동적 학습자다.
- 아이 자신이 스스로의 학습에 책임을 질 수 있다.
- 교사는 아이가 스스로 선택하고, 문제를 해결하고, 활동에 참여하도록 격려한다.
- 교사는 어휘 확장을 위해 아이와 토론할 때 복잡한 단어들을 추가해서 말한다.
- 교사는 놀이를 관찰하고, 방해가 되지 않도록 참여하며, 적절한 질문으로 계획을 확장하고, 아이 스스로 활동에 대해 생각해보도록 돕는다.

많은 학자들이 아이를, 또 아이의 공부를 성공과 성취로 이끌기 위해 비인지 능력의 중요성을 역설하면서 동시에 이를 길러주는 효과적인 교육 방법을 강조하고 있다. 그렇다고 인지 교육이 전혀 필요가 없다는 의미는 절대 아니다. 4~7세 아이의 부모는 비인지 능력을 잘 키워주면서, 이와 함께 효과적이고 도움이 되는 인지 교육의 방법도 알아야 한다. 이어서 또 하나의 프로그램을 통해 아이의 공부에 대한 수준 높은 통찰을 얻어보자.

: 공부 잠재력을 깨우는 마음의 도구 프로그램

러시아의 심리학자 레프 비고츠키(Lev Vygotsky)는 마음의 도구 프로그램을 고안했다. 그는 인간이 망치, 톱, 지렛대 등의 도구를 발명해서 신체적 능력을 확장시켰듯이 정신적 능력을 확장시키기 위한 마음의 도구도 창조했다고 이야기한다. 여기서 마음의 도구란, 하고자 하는 일에 주의를 기울이고, 기억하고, 생각하는 방식을 바꿔주는 것이라고 강조했다. 하지만 그에 따르면 마음의 도구는 갖고 태어나는 것이 아니기에 양육과 교육 과정에서 발전시켜야 한다는 과제가 남는다. 어떤가? 부모로서 나는 아이의 마음의 도구를 잘 키워주고 있는가?

아이는 잠재력이 있지만, 스스로 마음의 도구를 키워 활용하지 못한다. 외부의 자극으로 관심을 끌어야지만 주의를 기울이고 기억하고 생각하게 된다. 즉, 외적 동기가 있어야 집중이 가능하며 지속적으로 행동하게 되는 것이다. 그래서 많은 유아 교육 도구들이 아이의 관심을 끌기 위해 더 자극적으로 만들어지고 있다. 하지만 이렇게 자극적 흥미만 끄는 방식은 궁극적으로는 자발적인 공부력과는 전혀 다른 문제다. 외적 동기로 시작했어도 내적 동기로 발전해야 하며, 그 과정에서 아이 스스로가 주의를 기울이고 기억하고 문제를 해결하는 마음의 도구를 키울 수 있도록 도와줘야 한다.

비고츠키는 아이가 마음의 도구를 갖도록 도와주는 것이 부모와 교사의 역할이라고 강조했다. 그래서 비고츠키의 이론을 기반으로 긴 세월 동안 수많은 심리학자와 교육학자들이 실제로 효과가 있는 교육 방법을 연구해왔다. 그중에서도 러시아와 미국의 심리학자이자 교육학자인 엘레나 보드로바(Elena Bodrova)와 데보라 리옹(Deborah Leong)이 매우 효과적인 마음의 도구 프로그램을 설계했다.

마음의 도구 프로그램에서는 그 어떤 학습도 강압적이지 않다. 아이들은 자발적으로 계획을 세우고 그 계획대로 공부한다. 교사의 역할은 일방적으로 가르치는 것이 아니라, 아이가 학습 계획을 체계적으로 세우고 성공적으로 실천할 수 있도록 도와주는

것이다. 결국 아이들은 자기가 원하는 놀이 활동을 즐겁게 수행
하면서 자연스럽게 공부하는 방식을 구성한다. 과연 이런 방식이
가능할까? 가능하다고 해도 효과가 있을까? 이런 이야기는 실제
로 많은 부모들에게 이론으로만 들릴 뿐 현실 가능성은 희박하다
고 여겨진다.

그렇다면 마음의 도구 프로그램이 주는 효과를 알아보자. 과
거 1997년 미국 덴버에서는 유치원 교사 10명을 무작위로 뽑아
마음의 도구와 정규 교과 과정 중 하나를 선택해 아이들을 가르
치게 했다. 그러고 나서 이듬해 봄, 국가 표준 시험에서 정규 교
과 과정 수업을 들은 아이들은 50%만이 '능숙' 등급을 받았고,
마음의 도구 수업을 들은 아이들은 97%가 '능숙' 등급을 받아
국가 표준에 비해 거의 한 학년 정도 앞선 수준을 보였다. 게다
가 교사들을 더 감동시킨 것은 아이들의 행동 수준이었다. 일반
유치원에서 늘 보이던 아이들의 문제 행동이 마음의 도구 프로
그램에서는 나타나지 않았던 것이다.

실제로 마음의 도구 프로그램은 그 효과가 무척 많이 증명되
어 있다. 2014년 미국 뉴욕대 응용 심리학 전공 교수인 시벨레
레이버(Cybele Raver)와 동료들은 759명의 아이들을 대상으로 마
음의 도구 프로그램이 학업 성취도와 신경 인지 및 신경 내분비
기능의 변화에 미치는 영향을 조사했다. 이 연구에서 마음의 도

구 프로그램에 참가한 아이들은 실행 기능, 추론 능력, 주의력, 조절력이 향상되었을 뿐만 아니라, 스트레스 호르몬인 코르티솔과 아드레날린의 수치에도 긍정적인 영향을 끼쳤음을 확인했다. 그리고 읽기, 어휘력, 수학 등 학업 수준이 한 학년 이상 앞서나감을 보여주기도 했다. 과거 2001년 유네스코에서도 마음의 도구 프로그램을 혁신적인 교육 프로그램으로 평가한 바 있다.

마음의 도구 프로그램을 활용하기 위해서는 반드시 고려해야 할 전제 조건이 있다. 아이의 문제 행동을 보는 시각이다. 문제가 많은 아이로 보지 말고, 아직 마음의 도구를 갖지 못했다고 봐야 한다. 아이가 집중하지 못한다면 주의 집중을 잘하는 마음의 도구를 갖도록 도와줘야 하는 것이 바로 부모와 교사의 역할이 되는 셈이다. 마음의 도구를 키우기 위해 특별한 준비물은 필요하지 않다. 놀이, 그중에서도 특히 성숙한 역할놀이를 통해 자기 행동에 책임을 지는 자기 조절력의 기초를 닦을 수 있다. 이 과정에서 만족 지연 훈련도 함께 이뤄진다. 다음은 마음의 도구 프로그램의 진행 방법이다.

오늘의 놀이는 '소방관 놀이'다. 단순히 불이 나서 물을 뿌리는 역할놀이가 아니다. 불이 난 집이 있고, 그 집 안에 사람이 있으며, 구조 요청 전화를 하는 사람과 그 전화를 받는 119 구급대원도 있다. 소방차 운전기사와 소방관도 있다. 각각의 역할을 고르게 나눈 후에 이어지는 내용과 같이 개인적으로 놀이 계획을 짜도록 도와준다.

① 아이는 개인적으로 놀이 계획을 짠다. '나는 ~을/를 할 거예요'라는 문장으로 표현한다. 글자를 몰라도 종이에 선이나 동그라미로 자기 역할을 표현한다. 첫 자음만 써도 좋다. 놀이 시간에 맡은 역할과 할 일에 대한 계획을 적는 것이다.

② 놀이 계획을 바탕으로 약 30~40분간 역할에 부합하는 놀이를 지속한다.

③ 아이가 다른 행동을 하거나 산만해지거나 다툼이 생기면 교사는 "네 놀이 계획에 있는 거니?"라고 묻고, 다시 계획으로 돌아가도록 도와준다. 교사는 놀이를 촉진하는 역할만 할 뿐 직접 가르치지는 않는다.

그저 아무 준비 없이 노는 것이 아니라 아이들이 미리 놀이 계획을 세우고 놀기 시작한다. 놀이 과정에서 교사는 아이의 계획을 환기시키면서 실행력을 높여주는 것이다. 아주 간단해 보이지만 효과는 매우 강력하다. 그러면서 아이는 스스로가 자기 행동의 주인임을 깨닫게 되고, 자기 조절력, 언어 표현력, 실행 기능이 크게 발달한다. 바로 이런 것들이 학습에 필요한 가장 중요한 능력이다.

하이스코프와 마음의 도구 프로그램에서 공통적으로 나타나는 아주 중요한 특징은 부모와 교사의 역할이다. 아이가 주도적으로 자신의 활동을 계획하고, 충동을 조절하며, 계획을 실천하고 성취해가도록 도와줘야 한다. 이런 과정을 통해 아직 어리지만 자기 조절력을 발휘해 즐겁고 재미있는 공부의 세계로 한 걸음씩 나아갈 수 있다는 점을 기억하자. 이처럼 유아 교육에서 효과가 증명된 프로그램들은 대부분 수학, 언어 등의 인지 능력에 초점을 맞추는 것이 아니라 심리적·정신적 기술을 강조한다. 주어진 과제에 주의를 기울이고, 방해하는 자극과 충동적 감정을 조절하며, 다시 생각을 가다듬어 현재 과제에 집중하는 기술이다.

지금 이렇게 비인지 능력을 강조하는 이유는 인지 교육에만 치우친 현실에 대한 우려 때문이지, 인지 교육이 필요하지 않음을 단언하는 것은 아니다. 지금 4~7세 아이를 키우는 부모에게는 인지와 정서, 이렇게 2가지의 균형 발달을 위한 방향성을 찾아가는 것이 가장 중요한 과제다. 미리 겁먹을 필요가 없다. 편안하고 여유로운, 행복하고 즐거운 방식으로 아이를 잘 키우는 방법이 분명히 있으니 말이다. 이제 비인지 능력을 바탕으로 정서와 인지 발달을 키우는 '3가지 마법의 열쇠'를 소개하려고 한다. 4~7세 아이의 발달을 위한 마법의 열쇠로, 아이가 눈부시게 성장하는 모습을 만날 수 있을 것이다.

: 4~7세 아이의 발달을 결정짓는 3가지 마법의 열쇠

6살인 두 아이가 있다. 힘찬이 엄마는 억지로 공부시킬 생각이 전혀 없었다. 그저 책을 읽어주고, 많이 놀게 하고, 자연을 체험하며 밝고 씩씩하게 키우려고 애썼다. 주변의 극성에도 흔들리지 않다가 6살이면 이제 한글과 숫자를 가르칠 때가 된 것 같아 공부를 시작했다. 말도 잘하고 척하면 척 알아듣는 아이라 가르치면 당연히 잘할 줄 알았다. 아이가 거부할 줄은 꿈에도 생각하지 못했다. 한글과 숫자를 따라 읽기까지는 그럭저럭 괜찮았다. 하지만 한글 낱자와 숫자를 따라 쓰면서부터 온몸을 배배 꼬고 짜증을 낸다. 잔뜩 인상을 쓰고 연필로 너무 세게 공책을 누른 나머지 종이가 찢어질 지경이다. 연필 잡는 법을 자꾸 틀리길래 직접 손을 잡으면서 올바른 방법을 가르쳐줬을 뿐이고, 글자를 자꾸 거꾸로 쓰길래 제대로 쓰는 방법을 알려줬을 뿐이었다. 도대체 이 과정에서 무슨 문제가 있길래 아이가 짜증을 내고 힘들어하는지 이해되지 않는다.

그런가 하면 사랑이 엄마는 예쁘고 귀엽고 애교 많은 딸을 키우며 너무 행복했다. 말도 잘하고 인사도 잘하고 주변 어른들도 모두 칭찬이 자자해서 아이와 외출을 할 때마다 기분이 좋았다. 그러던 어느 날, 유치원 가방에서 아이 친구가 써준 편지를 보고 충격을 받았다.

사랑아 안녕? 나랑 친하게 놀자.
사랑아 우리 또 키즈 카페 같이 가자. 사랑해.

친구가 한글을 먼저 깨친 건 알고 있었지만, 어쩌면 이렇게 글씨를 반듯하게 쓸 수 있는지 감탄은 잠시뿐 덜컥 겁이 났다. 머릿속에서는 '그래도 우리 아이가 생일이 늦은 편이라 그런 건 아닐까?'라고 위안 삼을 만한 말이 떠올랐지만, 8월생이면 그리 늦은 것도 아니니 핑계로 대기엔 부족했다. 너무 놀라 조바심이 난 엄마는 폭풍 검색을 시작했다. '6살 한글', '6살 편지'로 검색하니 세상에는 너무나 놀라운 아이들이 많이 있었다.

"우리 아이는 6살인데 스마트폰으로 엄마한테 문자도 보내요."
"책만 주야장천 읽어줬더니 아이가 6살 초반에 한글을 뗐네요. 어느 날 줄줄 읽어서 깜짝 놀랐어요. 그냥 책 많이 읽어주시고 기다리시면 될 듯요."

힘찬이와 사랑이 엄마의 마음가짐과 육아 태도는 나무랄 데가 별로 없다. 또래 아이들의 인지 능력을 보고 충격받아 조바심이 나는 것도 지극히 자연스러운 반응이다. 그런데 바로 이 지점에서 정말 간절하게 한 가지 부탁을 하고 싶다. 처음부터 육아 가치관을 잘 세워 지금까지 지켜왔듯이 아이의 공부를 위해서도 무엇이 중요한지 정리한 다음에 중심을 잡고 시작하면 좋겠다. 마음이 아무리 급해도 놓쳐서는 안 될 부분이다. 4~7세 아이의 공부는 억지로 시켜서 잘하기도 하고, 정서를 돌보는 효과적인 방식으로 성공하기도 한다. 그러므로 단순히 지금의 실력이 중요한 것은 아니다. 장기적으로 아이 공부에 영향을 미치는 핵심 요인을 잘 알고 시작해야 한다.

많은 것이 결정되는 시기인 4~7세에 부모는 아이를 위해 무엇을 가르쳐야 할까? 공부력이 뛰어난 아이로 성장시키기 위해 키워야 할 정신적 능력은 무엇일까? 이제부터 아이의 정서와 인지 발달, 즉 궁극적으로는 공부력의 근간이 되는 마음의 힘이 무엇인지 알아보자. 그러기 위해 우선 학자들의 주장을 정리하면 다음과 같다.

- 주어진 과제를 쉽게 이해하기 위해서는 배경지식이 필요하다.
- 경험과 학습에 의해 몸에 쌓인 암묵지식의 정도가 학습 능력에 크게 영향을 미친다.
- 주의력은 자기 조절력과 중요한 관련이 있다.

- 주의 집중 기술이 학업 성취의 결정적 요인이다.
- 학업 성취는 지적 능력만으로는 설명될 수 없으며, 동기와 정서 상태에 따라 달라진다.
- 과제의 속도와 정확성을 효율적으로 수행하기 위해서는 자기 조절력이 중요하다.
- 자기 조절력이 집중을 방해하는 다른 자극들을 통제한다.

여기서 공부를 시작하는 4~7세 아이에게 가장 중요한 3가지 요소가 확연히 드러난다.

첫째는 지식이다. 실질적인 공부를 위해서는 우선 기본적인 지식을 쌓아야 한다. 아이들이 앞으로의 삶을 살아가는 데 가장 중요한 능력이라 손꼽히는 창의적 사고는 난데없이 하늘에서 떨어지는 것이 아니다. 다양한 지식을 기반으로 사고력을 발달시켜야 수준 높고 깊이 있는 탐구와 창의적 사고가 가능해지는 것이다. 이를 위해 아이는 재미있고 흥미로운 것을 찾아 경험하고 생각을 나누며 그에 관한 다양한 지식을 얻기 위해 책도 읽어야 한다. 물론 아직 글자를 알지 못한다면 읽어주는 내용을 들으며 지식을 쌓아가야 한다. 그래야만 아이는 더 알고 더 배우고 싶은 인지적 호기심을 키워갈 수 있다. 그리고 하나 더, 여기서 꼭 알아야 할 것이 지식의 두 종류인 배경지식과 암묵지식이다. 배경지식은 새로운 정보를 알고 나서 다음 내용을 예측하게 하고, 암묵지식은 다양한 경험과 학습으로 체득해 사용하게 된다. 비슷해 보이지만 서로 다른 2가지 지식의 의미와 역할을 알고 아이에게 제대로 가르쳐야 한다.

둘째는 주의력이다. 필요한 자극에 주의를 기울이는 시각적·청각적 초점 주의력뿐만 아니라, 더 놀고 싶지만 해야 하는 과제로 주의를 돌려 집중하는 전환 주의력, 일정 시간 주의를 유지해 과제를 끝까지 완수하기 위한 지속 주의력과 수업에 집중할 때 다른 주변 자극을 억제할 수 있는 선택 주의력은 공부에 있어 매우 중요한 능력이다. 학년이 높아질수록 공부에서 가장 많이 발생하는 것이 주의력 문제다. 집중이 안 되니 산만해지고, 산만해지면 공부가 되지 않는다. 타고난 기질적 문제가 있는 경우가 아니라면 4~7세 시기에 놀이하듯 주의력을 키울 수 있다.

셋째는 자기 조절력이다. 자기 조절력은 비인지 능력인 자존감, 자기 효능감, 사회성, 끈기와 인내, 회복 탄력성을 모두 포함하는 가장 강력한 능력이다. 자기 통제력, 감정 조절력 등 여러 이름으로 불리지만, 이 책에서는 감정, 생각, 행동 조절을 모두 포함한 자기 조절력으로 통일해서 사용하려고 한다. 스트레스를 받거나 과제가 어렵다고 생각되는 순간, 자신의 감정을 조절해서 보다 현명한 선택을 하는 힘이다. 자존감이 바닥을 치는 날에 마음을 추슬러 스스로를 굳게 믿고 다시 힘을 내야 할 때, 실패와 좌절로 절망감에 빠지는 순간에, 다시 오뚝이처럼 일어설 수 있는 회복 탄력성도 결국엔 마음 조절이다. 인간관계에서조차도 다양한 상황에서 마음 조절을 잘하는 것이 얼마나 중요한가? 따라서 아이의 정서와 인지 발달을 키우는 핵심적인 마음의 힘은 자기 조절력에 있다.

이처럼 지식, 주의력, 자기 조절력이 아이의 발달을 좌지우지하는 핵심이며, 공부력과 공부 자존감을 키우는 3가지 마법의 열쇠다. 앞에서 소개한 하이스코프와 마음의 도구 프로그램이 성공할 수 있었던 이유가 바로 여기에 있다. 게다가 요즘 많은 부모들이 육아의 바이블로 삼는 칼 비테(Karl Witte)의 교육법도 자세히 살펴보면, 이렇게 아이가 인지 능력과 비인지 능력을 조화롭게 발달시켜 다양한 지식을 명확한 언어와 경험으로 체득하게 도와줬고, 한 가지 주제에 집중하는 능력을 훈련했으며, 힘들거나 흔들리는 순간에 자기 조절력을 키우는 과정을 마련했다. 뇌과학에서도 공부에서 가장 중요하게 생각하는 요소들이 바로 이것이다.

이제 우리 아이가 공부를 시작한다. 부모가 쉽게 도와줄 수 있는 방법부터 차근차근 알아보자. 아이가 배워서 하나씩 쌓아가야 할 서로 다른 2가지 지식, 당면한 과제에 온전히 마음의 힘을 쏟아붓는 주의력, 흔들리는 유혹과 충동 속에서 마음을 잘 조절하는 자기 조절력, 이렇게 아이의 정서와 인지 발달을 키우는 3가지 마법의 열쇠를 함께 찾아가보자.

Part 2

아이의 발달을 위한 마법의 열쇠
I. 지식

STEP 01

4~7세 공부에 꼭 필요한
2가지 지식

: 9세에서 4~7세의 모습이 보인다

아이가 3살에 접어들면서 "이게 뭐야?"가 시작되었다. 엄마 아빠 모두 대답 지옥에 빠져야 하는 순간이다. 이 시기에 아이의 유전적 욕구는 자기 주변의 모든 것에 대한 호기심과 탐구다. 그래서 끊임없이 "이게 뭐야?"라고 물어댄다. 이때 엄마 아빠의 반응은 크게 두 부류로 나뉜다. 귀찮고 번거롭지만 그래도 정성껏 대답해주는 부모가 있는 반면에, 한두 번 대답하다가 무한 반복되는 질문에 지쳐 대답을 얼버무리거나 다른 것으로 관심을 돌려버리는 부모도 있다.

그렇게 1~2년이 지나면 두 아이가 가진 지식의 양은 어떤 차이가 날까? 아이들이 툭 내뱉는 말에서 기본 지식의 정도를 알아보자. 똑같이 5월에 태어난 5살 두 아이가 얼음 깨기 보드게임을 하면서 표현하는 언어를 통해 아이가 가진 지식의 양을 가늠해볼 수 있다.

〈5살 아이 A〉

선생님 놀이 방법을 알아?

아이 얼음을 다 끼워요. 이렇게.

선생님 한참 걸릴 것 같은데 도와줄까?

아이 아녜요. 이렇게 흰색, 파란색 한 줄씩 차례로 할 거예요. 기다리세요. 전 제가 하는 게 좋아요.

완성 후 놀이를 진행한다. 놀이 순서도 잘 지키고 진행하는 동안 발화하는 양도 많다. 한 판을 끝내고 다시 하겠다며 얼음 조각을 끼우다가 갑자기 상상 놀이를 시작한다.

아이 (얼음 조각 2개를 머리 양쪽 위에 올리고) 이건 미키 마우스, (코에 올리고) 이건 올라프, (머리 중간에 올리고) 이건 산타할아버지, (두 눈 위에 올리고) 이건 돋보기, (한쪽 눈 위에만 올리고) 레이저 눈이다!

아이는 즐겁게 놀고 난 뒤 다른 놀잇감을 살펴보며 계속 물어본다.

아이　　이건 어떻게 하는 거예요? 5살도 할 수 있어요?

아이　　이제 얼음 깨기 해요. 가위바위보.

아이가 규칙도 잘 지키니 함께 노는 사람도 즐거워진다.

〈5살 아이 B〉

선생님　놀이 방법을 알아?

아이　　네. (가만히 지켜보고 있으니) 선생님은 왜 안 해요?

선생님　"선생님도 같이해요"라고 말하면 할게.

아이　　선생님도 같이해요.

완성 후 놀이를 진행한다. 한 번씩 순서대로 해야 하지만, 아이는 순서를 지키지 못하고 자기가 하고 싶은 대로 여러 번 얼음을 깬다. 결국에 얼음 조각이 모두 주저앉아 게임이 흐지부지 끝난다.

아이　　재미없어요. 안 할래요.

선생님　그럼 정리하고 다른 놀이를 하자.

아이　　싫어요. 선생님이 해요.

같이 치우자고 하니, 겨우 와서 몇 개 정리하는 시늉만 한다. 정리가 끝난 후 다른 놀이를 골라보라고 하자, "몰라요. 어려울 것 같아요"라고 말한다. 그러더니 갑자기 테이블 위 선생님의 스마트폰을 만지며 "무슨 게임 있어요?"라고 묻는다.

두 아이의 표현 언어를 통해 지식의 양을 짐작해보자. 그리고 놀이에 임하는 전반적인 아이의 심리 상태도 함께 살펴보자. 5살 아이 A가 보이는 심리적 태도와 지식 및 어휘의 양과 수준은 기특하다. 순서를 잘 지키고, 조각을 끼워 넣는 지루한 과정을 즐길 줄 알며, 놀다가 상상으로 확장되는 놀이의 유창성 또한 매우 훌륭하다. 미키 마우스, 올라프, 산타할아버지, 돋보기, 레이저 눈 등 다양한 어휘를 활용하는 걸 보면 그동안 아이가 경험하고 쌓아온 지식의 양이 꽤 탄탄하다는 사실을 짐작할 수 있다.

반면에 5살 아이 B는 놀이를 위한 준비를 실행하는 힘뿐만 아니라 순서를 지켜야 하는 조절력도 부족하다. 자기가 갖고 논 놀잇감을 치워야 한다는 책임 있는 행동도 아직 배우지 못했다. 수준 높은 어휘는 나타나지 않으며, 스마트폰에 일찍부터 노출된 경향까지 보인다. 게다가 선생님의 스마트폰을 물어보지도 않고 덥석 집는다.

물론 5살은 아직 어린 나이라 이 같은 차이에 너무 큰 의미를 두는 건 조심스럽다. 하지만 이런 모습을 보이던 두 아이가 9살이 되면 어떤 모습일지 궁금하다. 이번에는 9살 두 아이의 대화에서 아이들의 5살 모습을 거꾸로 한번 예측해보자. 두 아이 모두 아인슈타인의 이름을 딴 우유를 마실 때 "아인슈타인 알아?"라는 말로 대화를 시작했다.

〈9살 아이 A〉

선생님 아인슈타인 알아?

아이 당연히 알죠. 전 아인슈타인처럼 되고 싶어요. 상대성 이론을 발견했잖아요. 표정이 괴짜 같아서 좋아요. 뉴턴처럼 만유인력을 발견하는 것도 재미있을 것 같아요. 참, 뉴턴이 조폐국장이었대요. 돈 만드는 거, 게다가 영국에서 가장 뛰어난 위조화폐 범죄 수사관이었대요. 진짜 대단하죠?

〈9살 아이 B〉

선생님 아인슈타인 알아?

아이 우유 아녜요?

선생님 아니, 유명한 과학자야. 그 이름을 우유 상표로 쓰기로 했나 봐.

> **아이**   전 몰랐어요. 그냥 우유 이름인 줄 알았어요. 초코우유 하나
> 더 먹어도 돼요?

9살 아이 A의 말에서 우리는 많은 것을 찾아볼 수 있다. 지식의 양도 탄탄할 뿐만 아니라 자기 생각을 키우고, 개인적 흥미도 발전시키며, 무엇보다 지식을 배우고 익히는 일에 관해 긍정적 호기심으로 가득 차 있다. 정서적 안정감과 인지적 흥미가 둘 다 잘 발달하고 있음을 쉽게 알 수 있다. 반면에 9살 아이 B의 모습은 안타깝다. 정서적 문제가 두드러지지는 않지만, 지식의 양이 부족하다 보니 새로운 지식을 배울 기회가 생겨도 연결이 잘 되지 않고 감각적 충족에만 쏠리는 모습으로 나타난다. 9살 정도가 되니 5살 즈음보다 훨씬 더 큰 격차가 나타나고 있음을 확인할 수 있다.

만약 두 아이에게 공부를 시킨다면 어떨까? 아이 A는 별로 어렵지 않을 것이다. 이미 다양한 지식이 탄탄하게 자리 잡기 시작해서 새로운 지식을 받아들이고 확장하는 일에 오히려 인지적 재미를 느낄 수 있다. 관심 있는 것뿐만 아니라 싫어도 해야 하는 것에 대한 전환 주의력만 좀 더 키워준다면 그야말로 주도적으로 공부하는 아이로 성장할 수 있다. 하지만 아이 B는 다양한

지식과 경험을 쌓아야 할 뿐만 아니라, 이를 잘 받아들일 수 있도록 훨씬 더 섬세하게 도와줘야 한다. 그렇지 않다면 나중에 아이가 열심히 공부하고자 하는 의욕이 생겨도 모든 게 생소해 어렵게만 느껴지고, 또다시 좌절하게 될 위험성이 높아진다.

공부를 좋아하고 즐기는 아이로 성장하려면 뭔가 아는 것이 있어야 하고, 그걸 바탕으로 새로운 지식을 더 쌓아야 한다. 그래서 이를 응용해 새로운 지식을 창출해낼 수 있게 되는 것이다. 그러기 위해서 부모는 아이가 배움에 대한 욕구가 충만해지는 4세 즈음부터 다양한 지식을 쌓을 수 있도록 도와줘야 한다. 이제부터 어떤 지식을 어떻게 쌓아야 하는지 자세히 알아보자.

∶ 배경지식과 암묵지식

"한국 학생들은 하루 15시간 동안 미래에 필요하지 않을 지식에 시간을 낭비하고 있다"라고 지적한 미국의 미래학자 앨빈 토플러(Alvin Toffler)의 말은 너무나 유명하다. 그의 말마따나 성적과 입시를 위한 틀에 박힌 공부와 지식이 별 의미가 없다는 사실은 아동 심리 전문가, 학습 이론가들까지 이구동성으로 주장하는 바다. 이를 모르는 사람은 없다. 그런데, 4~7세 시기에도 과연 지식 교육이 필요가 없을까?

절대 그렇지 않다. 4~7세 시기에 습득하는 지식은 생각보다 매우 중요한 역할을 한다. 알게 된 하나의 지식이 그다음 지식을 받아들이는 데 연결 다리 역할을 해주기 때문이다. 아이의 지식 축적 과정을 살펴보면, 기존의 지식이 있어야 새로 제공되는 지식과 결합해 더 넓게 확장되어 기억 속에 저장된다. 만약 전혀 들어본 적이 없는 지식이라면 그것이 아이의 두뇌에 자리 잡기 위해서는 수십 수백 번 이상 듣고 습득하는 과정이 필요할 것이다. 반면에 이미 알고 있는 지식과 연관된 정보는 쉽게 연결되고 통합되어 새로운 지식으로 자리 잡는 일이 매우 수월할 것이다. 그러므로 4~7세 아이의 부모는 아이의 인지 발달에 도움이 되는 공부가 무엇인지, 더 나아가 삶 전체에 도움이 되는 지식이 무엇인지 제대로 알아야 한다. 만약 지식이 필요하다면 어떤 지식이 필요한지 알고 나서 아이의 공부를 시작해야 한다. 그렇다면 4~7세 아이에게 꼭 필요한 지식은 무엇일까?

헝가리의 화학자이자 철학자인 마이클 폴라니(Michael Polanyi)는 지식을 명시적 지식과 암묵적 지식, 2가지로 구분했다. 명시적 지식은 명확히 알아 언어로 표현할 수 있는 지식으로, 용어만 낯설 뿐 우리가 몰랐던 것이 아니다. 흔히 국어과에서 강조하는 배경지식과 일맥상통한다. 배경지식이란 어떤 대상과 관련해 알고 있는 지식이나 경험, 혹은 글을 읽고 이해하는 데 바탕이 되는 경험과 지식을 말한다. 예를 들어 어떤 작품의 의미를 잘 이해하려면 그와 관련해 이미 알고 있는 것, 즉 배경지식이 풍부한 아이가 더 잘 이해하게 되는 것이다. 다시 말해 배경지식은 기본적으로 알고 있는 지식이며 구체적으로 언어화될 수 있는 지식인 셈이다. 따라서 폴라니의 명시적 지식은 다양한 사물과 상황에 대해 말로 설명할 수 있는 지식이니, 배경지식이라고 불러도별 무리가 없다. 명시적 지식은 흔히 사용하는 용어가 아니므로이 책에서는 쉽게 배경지식으로 표현하고자 한다.

4~7세 아이들이 배경지식을 쌓아가는 과정을 스위스의 심리학자 장 피아제(Jean Piaget)는 동화와 조절로 표현했다. 아이들이 새로운 지식을 습득하는 과정을 살펴보자. 4살 아이가 하늘을 나는 새를 보며 아빠에게 묻는다.

"아빠 저게 뭐야?"
"저건 새야, 새."

아이에게 '날아다니는 물체는 새'라는 도식이 생겼다. 이제 새를 직접 보거나 사진을 볼 때마다 "새"라고 말한다. 그러다가 비행기를 보게 된다. 아이는 또 신나서 소리친다.

"아빠, 와! 큰 새야."

"저건 새가 아니고, 비행기야. 사람도 새처럼 하늘을 날고 싶어서 만든 거야."

아이는 지금 알게 된 지식이 기존에 알고 있던 지식과 달라 잠시 불평형 상태를 겪는다. 다시 평형 상태로 돌아가기 위해 이제 새로운 도식을 만들어낸다. 한마디로 기존의 도식을 조절해서 새로운 도식으로 발전시키게 되는 것이다.

'아, 난다고 모두 새가 아니구나. 비행기구나.'

이것이 바로 조절 과정이다. 조절 과정을 통해 아이의 인지 구조에 질적인 변화가 생기는 것이다. 좀 더 나아가 앞으로 아이는 새에는 참새, 부엉이, 독수리 등 다양한 종류가 있고, 비행기에도 경비행기, 비행정, 수상기, 제트기 등의 종류가 있음을 배워갈 것이다. 이것을 피아제는 동화 과정이라고 설명한다. 동화란 자신이 알고 있는 도식을 사용해 새로운 자극을 이해하는 것이다. 그러므로 자라나는 아이들에게는 새로운 지식을 배우기 위해, 더 나아가 자신만의 창의적 사고를 발전시키기 위해 기본적인 배경지식이 매우 중요하다. 하지만 아이들의 배경지식은 단순히 말과 글로만 기억되는 것이 아니라, 암묵적 경험이 전제되었을 때 눈부신 발전을 하게 된다.

암묵지식은 오랜 경험으로 오롯이 나의 것으로서 몸에 쌓였지만 언어로는 표현하기 어려운 지식이다. 숙달된 기능을 가졌지만 말로 설명하긴 어려운 자전거 타기, 굴렁쇠 굴리기 혹은 요리 달인의 손맛 등이 여기에 속한다. 그래서 노하우, 통찰력, 직관 등으로 불리기도 한다.

원준이 아빠는 아이가 4살 무렵부터 어떻게 놀아야 할지 몰라 고민하다가 보드게임으로 놀아주기 시작했다. 젠가, 도미노, 개구리 점핑 놀이, 할리갈리 등 신체 활동 놀이부터, 뱀 주사위 놀이 등 우연 게임을 거쳐 머리를 써서 전략을 세우는 다이아몬드 게임, 수 감각을 익힐 수 있는 원 카드 등까지 점차 그 종류를 넓혀갔다. 아이와 약 4년 동안 즐긴 보드게임의 종류만 해도 50가지가 넘는다. 한글이나 수학을 따로 공부시키진 않았지만, 초등학생이 된 아이는 공부와 숙제를 척척 잘할 뿐만 아니라 새로운 내용을 배워도 쉽게 이해했다. 지금은 아이와 전략 게임을 주로 즐기는데, 가끔 전혀 예상치 못한 아이디어를 내는 모습을 보며 깜짝 놀라기도 한다. 아이가 이렇게 자라는 모습이 너무 대견하고 사랑스럽다.

지난 시간 동안 원준이가 쌓아온 것이 바로 암묵지식이다. 몸의 지식으로 이해해도 좋겠다. 몸으로 배우는 것은 매우 중요하다. 온몸의 감각이 주변의 환경과 자극에 즉각적으로 반응해서 직관적으로 받아들이기 때문이다. 그 과정에서 암묵지식은 감정과 행동은 물론 신념과 가치관에도 영향을 미쳐 심리적·정신적 뿌리를 형성하기도 한다. 결국 정확히 언어로 표현해내지는 못하지만, 마음과 정신 깊은 곳에 자리 잡은 암묵지식이 우리가 세상을 인식하는 방법을 결정하는 셈이다.

따라서 4~7세 시기에는 배경지식도 중요하지만, 다양한 경험을 통해 온몸으로 체득하는 암묵지식도 더할 나위 없이 중요하다. 2가지 지식을 빙산에 비유한다면 빙산의 일각이 배경지식, 눈에 보이지 않는 거대한 수면 아래의 빙산이 바로 암묵지식임을 꼭 기억해야 한다.

배경지식과 암묵지식이
가진 힘

: 암묵지식_ 4~7세 시기는 놀이도 공부다

4~7세 아이는 일상의 대화 속에서 새로운 사물의 이름을 익히고 기억해야 한다. 또 사회적 상황의 맥락을 파악하고 적절한 언어로 표현하는 능력도 키워야 한다. 그러므로 오늘 하루 아이는 삶에 필요한 새로운 지식도 배워야 하고, 이미 습득한 배경지식을 활용해서 자신의 필요에 맞게 사용해야 하며, 온몸의 감각을 통해 눈으로 보고, 귀로 들으며, 감정적으로 느끼는 모든 정보를 암묵지식으로 체득해야 하는 셈이다.

아이를 키우면서 갑자기 할 일이 너무 늘어난 것 같아 걱정될 수도 있겠지만, 전혀 그렇지 않다. 아이를 사랑하는 부모라면, 아이와 눈을 맞추며 말을 걸고, 놀잇감으로 놀아주며, 아이의 미소와 웃음과 눈물과 울음에 반응한다. 어제보다 하나 더 배워가는 모습에 손뼉 치며 반가워해주고, 잠자리에서는 좋은 이야기책을 들려주는 정도면 충분하다. 그러고 나서 여유 있을 때 조금씩 신경 써서 한두 가지 새로운 자극을 제공해주면 된다. 다만, 무엇을 어떻게 제공해야 할지에 대해서는 올바른 방향과 방법을 알아야 한다.

앞서 언급했듯 폴라니는 암묵지식의 중요성을 매우 강조한다. 대부분의 사람들이 말로 표현하는 것보다 더 많은 암묵지식을 보유하고 있다는 것이다. 물론 지금까지는 암묵지식이라는 말을 잘 몰랐을 수도 있다. 하지만 우리는 암묵지식의 중요성을 이미 알고 있다. 색종이를 잘 접고 오려서 만들기를 능숙하게 하는 아이, 자전거와 킥보드를 잘 타는 아이, 친구들과 함께 놀 때 따로 가르치지 않아도 규칙을 잘 지키고, 잘 못 하는 친구를 도와주는 아이, 똑같은 과제를 내줘도 별로 어렵지 않게 뚝딱 해내는 아이에게 그 비결을 물으면 말로 표현하지는 못한다. 그냥 척 보면 알 수 있다고 대답한다. 바로 이런 부분이 암묵지식의 영향력이다.

그런데 우리는 모두 잘 알고 있지만, 아이의 교육에서만큼은 이러한 영향력을 인정하지 못하는 경향이 있다. 아이의 성공적 삶을 보장해줄 것만 같은 명문대 입시를 위해 매진하는 것이 좋은 부모 역할이라는 착각 속에 머무른다. 그래서 소중한 아이의 삶이 명문대 입시 성적을 얻기 위해 학교와 학원만을 오가는 것으로 이뤄진다. 이렇게 해서는 아이들이 암묵지식을 쌓을 기회가 없다. 다 알 것 같지만, 그래도 오늘 하루 학습지 몇 장을 더 공부하는 것이 더 중요하다고 생각된다면 암묵지식의 중요성을 강조한 다음의 실험을 한번 주의 깊게 살펴보자.

영국 카디프대 사회학과 교수 해리 콜린스(Harry Collins)는 TEA레이저 실험을 공개하고 전달하는 과정을 통해 암묵지식의 중요성을 증명했다. 캐나다의 국방 연구 실험실은 TEA레이저 개발에 성공한 후 이 실험의 설계도를 다른 연구소에 공개했다. 전달 방식은 두 종류였다. 한 곳은 설계도만 받아 그 설계도대로 레이저 복제를 시도했다. 반면에 또 다른 곳은 설계도를 받는 것에 그치지 않고 전화 통화를 하거나 실험실을 방문해서 기술을 습득했다. 두 방법의 결과는 명백했다. 전화와 방문 등 직접적인 접촉을 통해 기술을 습득한 연구소들만 레이저 복제 실험에 성공한 것이다. 명시적 지식만으로는 아무리 상세한 설계도가 있어도 복제에 성공하기가 어려웠다. 한마디로 실험을 직접 눈으로 보고 귀로 들으면서 쌓은 암묵지식과 설계도를 통해 알게 된 명시적 지식의 통합이 성공에 결정적 역할을 한 셈이다.

"1시간 놀래? 1시간 공부할래?"

이렇게 물으면 아이는 당연히 놀기를 선택할 것이다. 혹시 이 선택이 마음에 들지 않고 불편하다면, 이제부터라도 아이가 놀이에서 배우게 되는 암묵지식이 무엇인지 알아야 한다. 특히 4~7세 아이는 몸으로 배운다. 1시간의 공부보다는 놀이를 통해 더 많은 암묵지식을 습득한다. 결국엔 이 시기부터 쌓아가는 암묵지식이 나중의 공부에 더 큰 영향을 끼치는 것이다.

2020년 초에 창궐한 코로나19로 인해 아이들은 어린이집, 유치원 등 기관에 제대로 가지 못하고, 밖에 나가 놀지도 못하게 되어 집에서의 시간이 시작되었다. 활동량이 줄어들어 살이 찐 아이가 늘어났고, 에너지를 제때 발산하지 못해 짜증도 심해졌다. 그런데 모두가 그런 건 아니었다. 집에서 잘 노는 방법을 찾은 이들도 많았다. 6살 연수 엄마도 그랬다. 집 안에서 연수와 가장 효과적으로 시간을 보낼 수 있는 보드게임으로 놀기 시작했다. 물론 게임이 마음대로 되지 않아 심술을 부릴 때도 있었지만, 날마다 한두 시간 정도 보드게임을 하니 연수도 엄마도 재미있었다. 처음에는 어려워했던 점수 계산도 곧잘 하게 되었고, 한글도 조금씩 읽게 되었다. 시간이 흘러 연수가 7살이 되었다. 왠지 본격적으로 공부를 시켜야 할 것만 같아 문제집을 사다가 시작했더니 연수가 생각보다 수월하게 척척 푸는 것이었다. 놀기만 좋아해서 공부는 크게 기대를 안 했는데, 공부 실력도 꽤 우수했다. 엄마 아빠는 아이가 공부에 흥미를 보이고 잘하는 모습이 무척 뿌듯하고 대견했다.

연수에게 그동안 무슨 일이 벌어진 걸까? 보드게임은 다양한 규칙도 배우고, 전략도 세우며, 우연에 의해 결정되는 승패를 받아들일 수 있는 자기 조절력도 키워준다. 그렇게 1년이라는 시간을 보내는 동안 따로 공부하지는 않았지만, 어느새 쌓인 암묵지식이 아이의 이해력과 사고력뿐만 아니라 배경지식에도 영향을 끼쳤다. 그러니 공부가 쉬워져 뚝딱 해치우는 게 전혀 어렵지 않게 된 것이다.

수많은 육아서를 읽고도 육아 방법의 핵심을 몰라 힘겨운 부모들이 많다. 책을 통해 배경지식은 많아졌지만, 몸으로 체득하는 암묵지식의 부족 때문에 글을 읽고도 무슨 의미인지 정확히 파악하기 어려운 경우가 부지기수다. 예전의 공동체 문화에서는 동생이나 조카를 키우는 모습을 통해 일상 중에서 육아를 암묵적으로 배웠다. 하지만 지금의 부모 세대는 일상에서 아이를 키우는 모습을 지켜본 기억이 거의 없다. 사촌 동생들이 있다고 해도 어쩌다 정해진 만남일 뿐, 아침에 눈을 떠서 잠자리에 들 때까지 어떻게 아이를 키우는지 본 적이 없는 것이다. 이렇게 암묵지식의 부족은 생각지도 못하게 큰 영향을 주고 있다.

: 배경지식_ 공부력을 발달시키는 밑거름

배경지식은 말과 글을 이해하는 데 없어서는 안 될 요인이다. 아이가 듣거나 읽는 내용과 관련된 자신의 경험과 정보가 많을수록 내용을 더 잘 이해하게 될 뿐만 아니라 새로운 지식의 습득과 다양한 사고의 발전이 활발하게 이뤄지기 때문이다.

지구본 모양의 퍼즐을 처음 대하는 7살 아이들을 살펴보자. 지구와 지구본에 대한 배경지식이 있는 아이, 퍼즐 맞추기에 대한 암묵지식이 몸에 쌓인 아이는 지구본 퍼즐에 흥미를 느끼고 곧바로 맞추기 시작한다.

"와, 이거 지구본 모양이에요? 입체로 된 퍼즐이에요? 완성하면 진짜 지구본 모양이에요?"

"우리나라부터 맞춰야지. 옆에는 중국, 오른쪽은 일본……."

"엄마, 베트남이 중국 아래에 있었어. 그리고 라오스는 바다가 하나도 없어."

아이는 우리나라의 퍼즐을 먼저 맞춘 후 중국과 일본을 찾는다. 중국 아래 위치한 동남아시아에 대해서는 잘 몰랐지만, 어느새 퍼즐 조각을 맞추면서 태국, 라오스, 베트남 등을 읽어가며 새로운 지식으로 확장시켜나간다. 새로운 걸 알게 되어 신나서 외치는 아이의 목소리가 주변을 밝게 만든다.

반면에 지구본이나 퍼즐 맞추기에 대한 배경지식과 암묵지식이 모두 부족한 아이의 경우를 살펴보자.

"이게 뭐예요?"

"지구본 퍼즐."

"네? 지구공이요? 지구봉? 지구볼이요? 어휴, 나 퍼즐 싫어요. 못 해요."

지구본이라는 이름을 익히는 데만도 쉽지 않고 많은 시간이 걸린다. 그나마 지구는 알고 있으니 다행이다. 지구라는 말까지 몰랐다면 "지구가 뭐예요?"라는 질문부터 시작했을 테니 말이다. 낯선 물체의 이름을 아는 데 벌써 에너지를 다 써버려서 퍼즐 맞추기라는 어려운 과제에는 도전하기가 힘들어진다.

사실 이 지구본 퍼즐은 뒷면에 번호가 있어서 지구본에 대한 배경지식이 없어도 순서대로 맞추기가 가능하다. 그렇게 설명을 해도 아이는 전혀 호기심을 보이지 않는다. 어려운 과제를 풀기 위해서는 주의를 기울이고 집중을 해야 하는데, 이미 싫은 감정이 앞서서 마음을 조절하기가 힘든 것이다. 아이는 아예 시도조차 하지 않고 다른 자극적 재미로 관심을 돌린다.

새로운 과제를 만났을 때 흥미를 보이며 시도하는 아이와 해보지도 않고 싫다며 거부하는 아이, 대척점에 선 두 아이가 얻게 될 지식의 부익부 빈익빈 현상이 고스란히 드러난다. 우리 아이가 어떤 모습으로 성장하기를 바라는가?

학자들은 배경지식을 주로 읽기 과제와 연결해서 설명하지만, 이는 일상에서 듣고 읽는 모든 정보에 적용된다. 그중에서도 공부는 결국엔 듣고 읽는 과정이며, 더 나아가 듣고 읽은 내용에 대해 이해하고 생각해서 말하고 쓰는 과정이다. 배경지식은 아이의 공부를 수월하게 도와주는 마법의 열쇠임이 틀림없다. 여기서 중요한 것은 새로 학습할 내용에 관한 배경지식이 없거나 빈약하다면 그 내용을 이해하는 능력 또한 부족해진다는 점이다. 그래서 감정적 흥미를 일으키는 자극에만 즉각적으로 반응하게 된다. 배경지식의 부족이 새로운 과제 앞에서 주의를 기울이지 못하게 하고, 거부감으로 인해 감각적·충동적으로 행동할 가능성을 더 커지게 하는 셈이다.

반면에 배경지식이 풍부한 아이는 듣고 읽는 내용에 관한 깊은 수준의 이해가 가능해 동시에 더 많이 연관된 지식을 습득할 수 있게 된다. 아이의 지식이 발전해가는 밑거름이 바로 배경지식이라고 해도 과언이 아니다. 미국 심리학회의 회장을 역임하기도 했던 코넬대 심리학과 교수 로버트 스턴버그(Robert Sternberg)의 말이 그 핵심을 잘 보여준다.

"적용할 만한 지식 자체가 없으면 지식을 실용적으로 적용할 수 없다."

아이의 공부에 가장 큰 영향을 주는 지식은 세상에 대한 다양한 배경지식과 경험과 체득을 통해 얻게 된 암묵지식이다. 혹자는 수학은 머리로 이해하는 배경지식, 영어는 몸으로 감각을 통해 배우는 암묵지식에 속한다고 말하기도 한다. 지하철을 타고 목적지에 가는 것은 명확하게 말로 설명할 수 있는 배경지식이지만, 젓가락질이나 자전거 타기는 암묵지식에 속하는 것이다. 하지만 두 지식을 구분해서 가르치는 것은 바람직하지 않다. 공부는 암묵지식의 바탕 위에 풍부한 배경지식이 형성되어 있어야 그 과정이 더 원활해지기 때문이다.

지금까지 아이의 지식 교육에 힘써왔다면 이제부터는 배경지식과 암묵지식의 조화로운 발달이 얼마나 중요한지 깨달아야 한다. 두 지식이 얼마나 강력한 힘을 가졌는지 이어지는 실험을 통해 살펴보자.

⁞ 배경지식과 암묵지식이 만나면 벌어지는 일

다음 글을 읽어보자.

절차는 매우 간단하다. 먼저 항목들을 몇 종류로 분류한다. 해야 할 양이 얼마나 되느냐에 따라서 때로는 한 묶음으로도 충분할 수 있다. 시설이 모자라 다른 곳으로 옮겨야 한다면 그렇게 한다. 그렇지 않다면 이제 준비는 다 된 셈이다. 중요한 것은 한 번에 너무 많은 양을 하지 말아야 한다는 점이다. 한 번에 조금씩 하는 것이 너무 많은 양을 한 번에 하는 것보다 차라리 낫다. 한 번의 실수는 그 대가가 비쌀 수도 있기 때문이다. 이 점은 언뜻 보기에는 별로 중요한 것 같지 않으나, 일이 복잡하게 되면 곧 그 이유를 알게 된다. 이 모든 절차는 처음에는 꽤 복잡해 보일지 모르나, 곧 이 일이 생의 또 다른 한 면임을 알게 된다. 가까운 장래에 이 일을 하지 않아도 되리라고 생각되지는 않는다. 그러나 아무도 알 수 없다. 일단 이 일이 끝난 다음에는 항목들을 다시 분류한다. 그리고 적당한 장소에 넣어둔다. 이 항목들은 나중에 다시 사용될 것이다. 그다음부터는 지금까지의 모든 절차가 다시 반복될 것이다. 결국 이것은 생의 한 부분이다.

글에 대한 이해도가 대강 어림잡아 몇 % 정도인가? 어쩌면 재미도 없고 읽기 불편해 끝까지 읽지 않았을 수도 있겠다. 이 글을 2가지 방법으로 읽게 하면 이해도에서 엄청난 차이가 난다. 한 가지 방법은 지금처럼 사전에 아무 설명 없이 읽는 것이다. 다른 방법은 글의 제목을 먼저 보여주고 읽는 것이다. 이렇게 2가지 방법으로 팀을 나눠 읽게 하고, 다 읽은 후에 각자의 이해도를 0~100%로 표현하게 한다.

제목을 모른 채 글만 읽은 팀은 "하나도 모르겠어요"라고 말하는 사람이 많고, 대부분은 이해도가 겨우 20~30% 정도에 머무른다. 평소 그들의 이해력이 부족하지 않았음에도 말이다. 반면에 제목을 알고 읽은 사람들은 80~100% 정도를 이해했다고 대답한다. 수백 명 이상의 청소년과 부모들에게 실험해도 반응은 마찬가지였다.

이 글의 제목은 '세탁기 사용'이다. 미국의 심리학자 브랜스포드와 존슨(Bransford & Johnson)은 '세탁기 사용'이라는 제목을 듣기 전후에 각각 이 글을 어떻게 이해하는지에 대해 실험했다. 이 실험은 글을 읽기 전 배경지식의 중요성을 강조하는 데 빈번히 인용되는 중요한 실험이다. 이제 글의 제목을 알았으니 다시 한 번 읽어보자. 겨우 20% 즈음이었던 이해도가 80% 이상으로 훌쩍 뛰어오르는 신기한 경험을 할 수 있다. 모르는 단어나 복잡한 문장으로 구성된 것도 아닌데 어렵게만 느껴졌던 글이 제목을 알고 나니 쉬운 글로 인식된다. 이렇게 글의 의미를 이해할 수 있도록 도와주는 배경지식이 없으면 쉬운 글도 어렵게 느껴질 뿐만 아니라 새로운 기억으로 자리 잡기는 더욱더 힘들어진다.

이제 배경지식이 아이의 공부에 어떤 영향을 미치고, 얼마나 중요한지 이해했을 것이다. 하지만 엄밀히 따지면, 세탁기 사용과 빨래의 전체 과정에 대한 암묵지식이 없었다면 아무리 제목을 알고 내용을 꼼꼼히 살펴본다 해도 이해도가 그리 높아지지는 못할 것이다. 결국, 우리가 인지적으로 교육하는 대부분의 내용들은 이미 경험적 체득으로 쌓인 암묵지식 위에 효과적인 방식으로 배경지식을 받아들이는 정도에 따라 그 성과가 매우 달라진다는 사실을 다시 확인할 수 있다. 특히 4~7세는 온몸으로 경험하는 암묵지식과 배경지식의 확장이 매우 중요한 시기다. 이제 4~7세 아이들이 2가지 지식을 어떻게 습득해갈 수 있는지 좀 더 자세히 살펴보자.

ː 캐릭터 이름 외우기를 공부로 연결시키려면

부모가 아이에게 가르치고 있는 암묵지식은 무엇일까? 태어나면서부터 아이를 둘러싼 모든 환경이 바로 아이가 배우는 암묵지식에 속한다. 엄마 아빠의 말과 행동, 생활 태도 등이 모두 알게 모르게 배우게 되는 암묵지식인 셈이다. 아이는 말로 가르치는 것보다 더 많은 것을 엄마 아빠의 모습을 보며 배우고 있다.

자연스레 습득하는 지식, 어느새 할 줄 아는 것들이다. 이탈리아의 교육학자이자 정신과 의사인 마리아 몬테소리(Maria Montessori)는 아이가 자라면서 자율성과 자발성을 배울 수 있도록 해야 하고, 성장에 적합한 환경이 중요하며, 감각 훈련이 모든 정신 발달의 기초가 된다고 강조했다. 실제로 감각의 발달은 지적 활동보다 먼저 이뤄지며, 4~7세는 감각 교육의 형성기다. 이것을 근육의 기억력으로 표현하기도 한다. 근육의 기억력은 오랫동안 사용하지 않아도 그대로 보존되어 시간이 한참 지나도 그 능력이 유지된다. 그래서 자전거, 수영, 탁구 등은 그 능력을 몇 년간 사용하지 않아도 다시 해서 일정의 적응 시간만 지나면 어느새 능력이 회복되는 걸 경험할 수 있다.

언제부터인가 오감 교육이 아이 교육의 중요한 한 부분으로 자리 잡고 있다. 물론 그 취지와 의미는 무척 훌륭하다. 하지만 진정한 암묵지식은 현실에서의 경험이다. 아이를 위해 인위적으로 만들어진 환경에서의 경험은 그 또한 제한적 의미를 가질 수밖에 없다. 가짜 모래 놀이를 한 아이와 진짜 모래와 흙을 손으로 만져본 아이가 느끼는 경험의 차이, 놀이터에서만 놀아본 아이와 직접 산길을 오르고 풀과 꽃과 새를 만지고 느끼며 나무에도 올라본 아이의 경험이 똑같다고 말하는 사람은 절대 없을 것이다. 오늘 하루 우리 아이가 어떤 암묵지식을 키우고 있는지 생각해보면 좋겠다.

요즘 아이들의 암묵지식은 다양한 형태로 나타난다. 아이들의 신기한 능력 중 하나인 캐릭터 이름을 외우는 과정을 살펴보자. 뽀로로, 브롤스타즈, 또봇을 보지 않은 어른들은 그 캐릭터의 이름을 알려줘도 계속 헷갈린다. 스파이크, 크로우, 레온, 모티스, 타라, 진, 파이퍼, 팸, 프랭크, 비비 등의 캐릭터 이름은 여러 번 아이가 이야기해줘도 잘 기억하지 못한다. 반면에 아직 혀 짧은 소리를 내는 4살 된 아이가 그 이름을 절대 헷갈리지 않는다. 이미 애니메이션과 게임으로 그 캐릭터들에 대한 암묵지식이 형성된 상태에서 이름을 기억하기 때문에 장면과 이야기가 자연스럽게 떠올라 잊을 수가 없는 것이다. 암묵지식과 배경지식의 절묘한 조화로 신기한 능력이 발달한다는 사실을 확인할 수 있다. 바로 이런 경험들을 아이의 공부와 연결시키는 방법을 부모가 알아야 한다.

커가는 아이는 하루 종일 궁금하다. 3살만 되어도 "이건 뭐야? 저건 뭐야? 왜?"라는 말을 입에 달고 산다. 새로운 것에 대한 궁금증과 하나라도 더 알고 싶은 욕구가 강렬하게 작동되고 있다. 보고, 듣고, 만지면서 주변의 수많은 암묵지식들을 스펀지처럼 빨아들이고 있으며, 언어로 묻고 답하는 과정으로 배경지식을 쌓아가고 있다. 이 과정을 좀 더 적극적으로 도와주고 싶다면 아이와 놀며 산책하며 아이가 묻는 것에 친절히 답해주면 된다. 재래시장과 마트, 가까운 숲과 산은 더할 나위 없이 좋은 자극의 보고다. 활력 있는 에너지에 아이는 신이 나고, 스스럼없이 말을 걸고 덕담을 주는 분위기가 아이의 호기심과 표현 욕구를 더욱더 자극한다. 이것저것 이름을 가르쳐주고 무엇에 쓰는지 설명해주면서 즐거운 시간을 만들면 좋겠다.

지식을 키우는 최고의 방법, 놀이와 독서

: 배경지식+암묵지식=통합적 지식(feat. 17살에 자동차를 만든 아이)

이론적 지식인 '무엇을 아는가'와 실제적 지식인 '무엇을 할 수 있는가'를 구분 지어 가르치는 건 성장의 균형이 깨지는 일이다. 지식의 발달이란 배경지식과 암묵지식의 역동적 상호 작용으로, 이론과 실제의 통합으로 이뤄지는 것이 가장 바람직하다. 아이가 공부만 잘하고 일머리는 없어 숙맥인 사람으로 커가거나, 일머리는 좋지만 지식의 부족으로 더 큰 성장에 어려움이 생기는 일은 없어야 한다. 그러니 배경지식과 암묵지식이 균형 있게, 즉 통합적 지식으로서 온전하게 발달하도록 도와줘야 한다.

통합적 지식 습득의 현실적인 모습을 한번 생각해보자. 자동차를 좋아하는 아이가 그림책과 다양한 자료를 통해 자동차에 대한 배경지식을 꽤 탄탄하게 습득했다. 이런 아이의 지식을 어떻게 하면 더 발전시킬 수 있을까? 자동차 전시장을 둘러보거나 자동차 공장을 견학하는 정도까지는 가능할 것이다. 하지만 실제로 자동차를 만들거나 고치거나 조립할 수는 없다. 그래서 꼭 필요한 방법이 바로 놀이다. 온갖 자동차를 그리고, 자동차 퍼즐 놀이를 하고, 블록과 클레이로 자동차를 만들고, 역할놀이를 통해 자동차를 타고 가족과 함께 여행을 떠난다. 좀 더 발전하면 정밀한 조립형 자동차 모형을 만들고, 어른이 되어 직접 자동차를 제작하거나 혹은 자동차를 디자인하고 싶다는 꿈을 꾸게 된다. 이런 이유로 4~7세 아이들이 통합적 지식을 발달시킬 수 있는 가장 현실적이며 효과적인 최고의 방법이 바로 놀이인 것이다. 다만, 아이니까 아이다운 놀이를 해야 한다는 고정 관념에서 벗어나자. 아이의 놀이는 곧 현실의 엄청나게 창의적인 아이디어가 될 수 있다. 그러므로 부모는 아이의 놀이가 현실적으로 발전할 수 있도록 도와줘야 한다.

어떻게 하면 통합적 지식을 발달시키는 놀이를 시작할 수 있을까? 수제 자동차를 만드는 17살 재현이의 이야기를 통해 그 과정을 알아보자. SBS 〈순간포착 세상에 이런일이〉에서도 소개된 재현이는 어려서부터 자동차를 좋아했다. 엄마 말로는 태어나면서부터 좋아했다고 한다. 그래서 초등학교 때는 틈만 나면 자동차 그림을 그렸다. 좋아하는 마음이 너무 커서 선생님이 판서하시는데 자기도 모르게 뛰쳐나가 자동차를 그린 적도 있었다. 매일 그리다 보니 점차 자동차의 모양이 정밀해졌고, 심지어 부품 하나하나를 분리해서 그렸으며, 어느 순간부터는 눈에 보이지 않는 엔진과 하부까지도 그려냈다. 이렇게 자동차로 놀던 재현이는 직접 자동차를 만들고 싶었고, 중학생이 되면서 본격적으로 만들기 시작했다.

고물상과 폐차장에서 휠과 타이어, 짐수레 바퀴, 오토바이 체인, 사륜오토바이 브레이크, 자전거 핸들과 브레이크를 구했다. 고장 난 오토바이의 엔진을 분리해서 수리했으며, 배선 작업과 용접도 직접 했다. 필요한 공구는 용돈을 모아 구입했다. 이 모든 과정을 알아서 책을 찾아 읽고 독학하며 한 걸음씩 진행해나갔다. 이렇게 중학교 때 일주일 만에 완성한 간이 자동차에는 엄마가 직접 만들어준 안장이 올려져 있다. 실제로도 운행이 가능한 이 자동차를 만드는 데 걸린 시간은 불과 일주일이지만, 그동안 놀면서 공부해온 자동차의 구조에 대한 이해가 없었다면, 실제로 만들 수 있는 손 조작 능력이 발달하지 않았다면 불가능한 일이었다. 재현이는 자라는 내내 자동차와 관련된 배경지식을 충분히 익혔으며, 끊임없이 관찰하고 경험하면서 암묵지식도 쌓은 것이다. 재현이가 만든 자동차들은 자동차 명장도 놀랄 만큼 뛰어났다. 앞으로 재현이의 꿈은 30살 이전에 맞춤형 자동차를 만드는 회사의 CEO가 되는 것이다.

누구나 감탄할 만한 능력자라 모든 과정이 눈부시다. 하지만 아이가 커가는 현실적 모습은 오히려 문제투성이로 보일 수 있었다. 그렇게 자동차만 좋아했던 재현이는 학교 공부에 재미를 붙이지 못했고 성적은 저조했다. 수업 시간에 참지 못하고 앞으로 나가 칠판에 자동차를 그릴 정도로 충동 조절에도 어려움이 있었다. 부모 입장에서 생각해보면, 자동차만 좋아하고, 공부엔 관심이 없고, 행동 조절도 못 하니 꽤 속이 터졌을 것이다. 여기서 중요한 건 그럼에도 불구하고 부모님이 재현이의 열정을 지지해준 점이다. 재현이는 자동차를 만들기 시작하면서 공부의 필요성을 깨달았고, 공부를 시작한 지 6개월 만에 엄청난 성적 향상을 이뤄냈다. 재현이는 이렇게 말했다.

"만들고 싶어서, 좋아서 만들면 자동차처럼 성과가 나타나듯이, 공부도 그렇게 시작하니까 엄청나게 성적이 올라가더라고요."

배경지식과 암묵지식을 둘 다 잡는 통합적 지식의 발달은 어릴 때는 별것 아닌 것처럼 보인다. 하지만 어느 한 영역에서 괄목할 만한 성과를 이룬 사람들에게는 어린 시절에 이렇게 좋아하는 것에 열정을 쏟으며 통합적 지식을 발달시킨 과정이 있었고, 그 핵심에는 4~7세 시기의 놀이와 책을 통한 공부가 자리하고 있다. 통합적 지식의 발달을 위한 뭔가 대단하고 획기적인 방법을 기대했다면 조금 실망스러울 수도 있겠다. 하지만 가볍게 생각하면 안 된다. 놀이는 그리 단순하거나 만만하지 않다. 놀이가 가진 강력한 정서적·인지적 힘은 상상을 초월할 정도로 아이의 발달을 도와준다. "그냥 놀면 되잖아"라는 말로 놀이의 가치를 폄하해서도 안 된다. 아이의 4~7세 시기가 통합적 지식이 발달하는 놀이로 가득 채워진다면 커가는 모습이 얼마나 자유롭고 여유로울까. 우리 아이가 그런 모습으로 자라면 좋겠다.

이제부터 놀이의 중요성을 차례로 살펴보고 놀이가 어떻게 통합적 지식을 발달시켜주는지 꼼꼼히 알아보자. 학자들이 연구한 놀이의 특성을 잘 알고 논다면 정서적으로 도움이 될 뿐만 아니라 인지적으로도 발달하며 성장할 수 있다.

: 놀이의 무한한 영향력

유아 교육에서 놀이는 '최고의 교육적 도구'인 동시에 '발달 심리적 특징을 기반으로 한 최고의 학습법'으로 정의된다. 흔히 알려졌듯이 정서 발달만을 위한 과정으로 한정 짓지 않으며, 수많은 연구에서도 4~7세 시기의 놀이 경험이 학습 기회와 높은 연관성이 있다는 사실을 확인할 수 있다. 다만 겉보기에만 놀이인 경우, 즉 놀이의 이름으로 학습을 강요하는 가짜 놀이는 오히려 정서적 문제를 불러일으킬 위험이 있음을 주의해야 한다. 그리고 놀이는 4~7세 아이가 사회적 역할 수행도 자연스럽게 배우도록 도와준다. 이어서 다양한 놀이의 가치와 효과 및 정서적·인지적 효과를 증진시키는 놀이에 대해 제대로 알아보자.

놀이의 가치와 효과

기능	내용
발달적 기능	• 부모와의 놀이에서 안정 애착과 사회적 상호 작용 능력이 발달한다. • 다양한 감정 표현과 주도적 시도를 통해 감정 조절 능력과 자기 유능감을 키운다. • 놀이의 즐거움과 지속적 놀이를 통해 자신을 가치 있게 느끼고 몸과 마음의 자존감을 키운다.
교육적 기능	• 놀이를 통해 환경을 탐색하고 지식과 개념을 습득한다. • 놀면서 수, 분류, 서열화, 공간 및 시간, 보존 개념 등 인지가 발달한다. • 자유로운 방식의 문제 해결 경험으로 상상력과 창의력이 발달한다.
치료적 기능	• 놀이를 통해 감정을 발산하고 마음의 상처를 치유한다. • 자신과 타인의 마음을 이해하고 공감하는 중요한 도구가 된다. • 공감과 수용받는 경험으로 건강한 자아상과 자존감을 키운다.

한 아이가 엄마와 소꿉장난을 하며 역할놀이를 한다. 자신이 엄마, 엄마가 아이 역할을 한다. 엄마는 "엄마, ~해주세요"라며 평소 아이처럼 투정을 부리고 할 일을 미루며 찡찡거리는 모습을 보인다. 아이는 자신이 경험하고 체득한 엄마의 말과 행동으로 열심히 엄마 역할에 몰입한다. 아이가 엄마 역할을 하며 이렇게 말한다.

"밥 먹었으니 이 닦아야지."
"싫어요. 이 닦기 싫어요."
"아냐, 닦아야 해. 안 그러면 이가 다 썩어."
"싫어요. 엄마도 어릴 때 닦기 싫어했잖아요. 나도 안 닦아."
"이제 엄마는 안 그런다. 그러니까 너도 이 닦아야지."

아이가 맡은 엄마 역할 속에는 평소 가르치고 설득하는 엄마의 언어가 고스란히 녹아 있다. 이와 같은 역할놀이가 아이에게 어떤 영향을 끼칠까? 이 놀이를 통해 아이가 배우는 건 무엇일까? 놀이를 했던 그날 저녁, 식사 후 아이는 놀랍게도 이를 자발적으로 잘 닦았다. 엄마가 된 것처럼 놀다 보니 비로소 엄마의 마음을 알게 되고, 아이인 자신이 무엇을 해야 할지 한 번 더 배우게 된 것이다. 그동안 수없이 식사 후에 이를 닦아야 한다고 가르쳐도 그렇게 싫어했건만, 이 놀이 덕분에 아이의 양치 행동은 개선되기 시작했다.

부모의 고정 관념 속에 가르침이란 계속 설명하는 것이다. 하지만 4~7세 아이는 그렇게 배우지 않는다. 놀면서 배운다. 놀이가 곧 배움이다. 아이에게 진정한 교육은 적극적으로 놀면서 '체득'하는 과정을 거치는 것이다. 놀이 역할 속에서 다양한 감정과 생각을 경험하고 새롭게 깨달으며 성장하는 것이다. 그래서 4~7세 아이의 삶은 놀이로 가득 차야 하고, 그 놀이가 저절로 교육이 되어야 한다.

이때 아이의 놀이에서 반드시 주의해야 할 점이 있다. 놀이를 신성시해서 놀이에 교육을 접목하기만 하면 문제가 있다고 보거나, 놀이만 잘 이뤄지면 모든 게 알아서 잘 발달할 것처럼 여기는 놀이 만능주의에 빠지면 안 된다. 건강한 놀이는 정서와 인지 발달 모두에 도움이 된다. 그러기 위해서는 놀이의 주인공이 부모나 교사가 아닌 아이가 되어야 한다. 따라서 놀이 안에서 아이의 자발적이고 주도적인 방법이 매우 중요하다. 늘 아이의 의견을 존중하고 뒤에서 따라가며 의견을 제시하는 방식으로 부모의 역할을 제한하는 것이 바람직하다.

하나 더 강조할 점은 놀이는 저절로 이뤄지지 않는다는 것이다. 가르치고 배워야 한다. 부모의 어린 시절 놀이를 생각해보

자. 누군가가 노는 모습을 보면서 배웠고, 놀다가 실수로 상대방에게 피해를 주거나 규칙을 어길 때 참가자들에게 비난을 받아본 경험을 통해 점차 규칙을 지키는 모습으로 발전해갔다. 놀이하는 모든 순간이 놀이를 배우는 과정이었다. 하지만 지금은 놀이를 배우지 못한 아이에게 제대로 놀면서 성장하는 방법을 부모가 먼저 알고 가르쳐야 한다. 그러고 나서 이 가르침이 바탕이되어 통합적 지식의 발달로 이어지는, 즉 아이를 건강한 놀이 능력자로 키워야 하는 세상이다. 그렇다고 하나하나 지시하고 가르치라는 의미가 절대 아니다. 놀면서 놀이하는 방법을 배우는 것이 중요하다.

더군다나 코로나19로 인한 환경의 변화는 아이의 놀이에 치명적인 영향을 주고 있고, 그에 따라 자연스러운 또래 놀이 문화가거의 사라지고 있다. 나가 놀기만 해도 충족되었던 환경이 크게변하면서, 밖에서의 놀이, 집에서의 놀이, 친구와의 놀이, 그리고혼자 놀이까지, 잘 놀게 될 때까지 부모가 이끌어줘야 한다. 놀이가 고스란히 부모의 몫이 되어버린 것이다. 물론 그렇다고 미리너무 부담을 갖지 않아도 된다. 언제까지나 부모가 해야만 하는것은 아니다. 아이가 놀이할 줄 알게 되는 순간까지다. 놀이의 즐거움을 아는 아이, 자발적인 놀이를 몸으로 배운 아이는 환경이아무리 달라져도 어른의 개입 없이 놀이를 지속할 뿐만 아니라,

변화된 환경에서도 발전된 형태의 놀이로 진전해간다. 이러한 놀이 능력을 키워주는 것이 지금 4~7세 아이의 부모가 해야 할 매우 중요한 역할이다. 이제 코로나19 이후의 세대를 살아갈 우리 아이에게 어떤 놀이를 가르치고, 또 즐기도록 도와줘야 할지 구체적으로 살펴보자.

: 통합적 지식을 키우는 10가지 놀이 방법

아이에게 놀이는 밥이고 생명이다. 무엇이든 놀이를 통해 배우는 것이 가장 바람직하다. 정서와 인지 발달이 균형 잡힌, 즉 평생 가는 공부력을 지닌 아이로 성장할 수 있도록 통합적 지식을 키우는 동시에 발달적·치료적으로도 의미가 있는 놀이 방법에 대해 알아보자. 재미있게 놀면서 통합적 지식을 키우도록 도와주는 핵심은 놀이를 함으로써 현실적인 성취감을 얻게 하는 방법이다. 모든 놀이를 다 그렇게 할 수는 없겠지만, 다음의 사례에서 충분히 좋은 아이디어를 발전시킬 수 있을 것이다. 인지 교육으로 치우치는 마음을 진정하고, 혹은 너무 이른 인지 교육이라 생각되는 죄책감도 뒤로하고 마음의 균형을 잡으며 아이와 제대로 놀아보자.

지식 놀이 ①
아이가 그린 그림을 액자에 넣어 작품으로 완성하자

아이는 시도 때도 없이 그림을 그린다. 그림 그리기는 부모에게 바쁜 육아 속에서 숨 쉴 틈을 제공하는 참 좋은 놀이다. 이제부터 아이의 그림 그리기를 보다 수준 높게 활용해보자.

● 놀이 방법

아이가 그림을 그릴 때 부모는 중간중간 아이의 모습과 태도를 칭찬해줘야 한다. 이 부분은 매우 중요하다. 그래야 아이가 지속적으로 그림에 몰입할 수 있다.

"생각하면서 그리는구나. 집중해서 그리는 모습이 너무 멋있어. 꼼꼼하게 색칠했네."

그림을 완성했는지 질문하고, 그림은 물론 그림을 끝까지 완성해낸 실행력을 충분히 칭찬해준다. 단, 단순히 잘 그렸다는 말보다는 각 부분의 모양, 색깔, 노력의 흔적을 찾아 이야기한다.

"다 그렸어? 정성껏 그렸구나. 그림이 개성 있어. 색깔이 잘 어울려. 선 안에 색칠하려고 애썼네."

그러고 나서 그림을 특정 장소에 붙인다. 예쁜 액자를 마련해 뒀다가 그림을 끼워 벽에 걸거나 눈에 잘 띄는 곳에 세워놓으면 아이의 성취감이 더 높아진다. 그리고 아이의 그림과 아이가 그림 앞에서 포즈를 취한 모습을 사진 찍어 가족들에게 문자나 SNS로 전송한다. 가족들이 칭찬하는 말도 아이에게 전해준다.

한 달에 한 번, 아이만의 거실 그림 전시회를 여는 것도 좋은 방법이다. 전시회 준비를 위해서 각 그림에 제목을 붙이고 설명을 하게 한다. 그림 아래에 아이가 말한 제목과 설명을 부모가 대신 적은 다음에 전시한다면 더할 나위 없이 좋다. 그림이 10장 정도 모이면 충분히 전시회를 열 수 있다. 전시회 초대장을 만들고, 친구 한두 명을 불러 간식 파티를 해보자.

• 주의할 점

아이의 작품에 절대 손대지 말자. 충고나 훈계도 하지 않고 온전히 아이가 완성하도록 하자. 그 후에 어떤 그림인지, 왜 그런 색깔을 썼는지 질문해도 늦지 않다. 막연한 느낌으로 그림을 그렸지만, 질문에 대답하기 위해 생각하게 되고, 그것을 말로 표현하면서 아이의 독창성과 개성, 그리고 자긍심이 한 뼘 더 자라난다.

• 응용 놀이

아이가 사진을 찍게 해서 그 사진으로 사진 그림책을 만들어보자. 우선 사용하지 않는 스마트폰으로 사진 찍기를 가르쳐보자. 아이가 찍은 사진을 출력해서 액자를 만들어도 좋다. 인물 사진, 풍경 사진, 사물 사진 등 무엇이든 작품으로 변신이 가능하다. 자신의 작품이 한 권의 그림책으로 완성되는 성취감을 느끼면, 아이에게는 더욱더 열심히 즐기고자 하는 동기가 강화된다. 점차 몰입의 즐거움까지도 깨닫게 될 것이다.

지식 놀이 ②
밀가루 반죽 놀이 후에는 수제비나 칼국수를 만들자

밀가루 반죽 놀이는 아이들이 언제나 좋아하는 놀이다. 특히 요즘은 오감 놀이에 관한 관심이 높아 번거로워도 밀가루 반죽 놀이를 시도하는 부모가 많다. 기왕에 밀가루 반죽 놀이를 한다면, 수제비나 칼국수 등 실제 음식으로 만들어서 먹어보는 경험으로 승화시키자. 엄마 아빠만 할 수 있는 일, 자신은 어려서 못한다고 생각했던 일을 할 수 있다는 사실이 아이에게 엄청난 흥미를 불러일으킬 것이다. 이런 실제적 경험은 지식의 축적에 큰 영향을 준다.

• 놀이 방법

손을 깨끗이 씻고 시작한다. 처음부터 수제비 만들기, 칼국수 만들기라는 목표를 주면 아이는 규칙을 훨씬 더 잘 지키게 된다. 물론 미숙해서 여러 가지 실수를 하게 될 것이다. 재료를 엎지르거나 주변이 어질러지는 건 감수하자. 한 달에 한 번 정도만 해도 강력하게 기억에 저장될 것이다.

• 주의할 점

아이용 반죽은 따로 떼어 준다. 아이용 과일칼을 준비해 직접 주무르고 자르는 경험을 하게 하면 좋다. 역시 아이가 만든 작품에는 손대지 않아야 한다. 아이의 완성품에 엄마 아빠가 손을 대서 더 좋은 모양으로 만들면 아이는 온전히 자기 스스로 했다고 생각하기가 어렵다. 그러니 부모 눈에 차지 않으면 좀 더 설명해서 완성도를 높이고, 미완성으로 보여도 아이의 완성품을 무조건 지지해주는 것이 중요하다. 너무 두껍다거나 제대로 만들지 못한 경우에는 좀 더 얇게 펴라고 지시하거나 실제로 하는 모습을 보여주고 말로써 방법을 알려주면 된다.

• 응용 놀이

아이클레이, 천사 점토 등을 활용한 반죽 놀이는 아이의 정서 안정에도 큰 도움이 된다. 평소 작은 쟁반 위에 클레이를 얇게 펴서 그림 그리기도 하고 글자 쓰기 놀이도 해보자. 이렇게 점토 위에 그림을 그리거나 글자를 썼다가 지우는 과정을 통해 정서 안정과 소근육 발달을 도모하면서 인지적 놀이도 함께할 수 있다.

지식 놀이 ③ 놀이터를 다녀오면 놀이터 설계도를 그리자

조망 수용 능력이란 나의 감정과 생각을 아는 동시에, 타인의 느낌과 생각을 이해하는 그야말로 '역지사지'하는 능력이다. 흔히 4~7세 시기는 아직 조망 수용 능력이 생기지 않은 단계라 설명한다. 자신의 관점과 타인의 관점이 다르다는 사실을 이해하지 못하는 자아 중심적 사고로 무엇이든 타인도 자신과 같이 느낀다고 생각하는 것이다. 하지만 모두가 그런 것은 아니다. 어려서부터 더 넓은 시야를 키워주는 활동과 다양한 상황을 접하면서 다른 관점의 시각을 꾸준히 차근차근 연습한다면 이 능력을 좀 더 잘 발달시킬 수 있다.

• **놀이 방법**

아이가 자주 가는 놀이터를 그려보자. 대강 사각형으로 놀이터 틀을 그린 다음에 아이가 좋아하는 그네, 미끄럼틀, 시소 등이 어디에 위치하는지 아이에게 생각나는 대로 그려보라고 한다. 이때 아이가 그림에 집중하게 하는 가장 좋은 방법은 엄마 아빠도 함께 그리는 것이다. 단, 아이와는 다른 종이에 각자 그림을 그린다. 그리고 중간중간 잘 모르겠다는 식의 대화로 아이의 호기심과 의욕을 키워주면 좋다. 또 아이의 그림을 보며 긍정적인 메시지를 전달하자.

"그네가 어디에 있었지? 어떻게 그리지? 엄마는 잘 못 하겠어. 아! 그렇게 그리면 좋겠네."
"그럼 미끄럼틀은? 시소는? 운동 기구도 있었던 것 같은데 어디에 있었지?"
"어떤 놀이기구가 가장 컸지?"

이런 대화로 아이가 놀이터 전체를 머릿속으로 조망하면서 각 놀이기구를 배치하고 그림으로 표현하게 하는 방식이다. 이처럼 자신이 1차원적으로 이해하던 공간을 3차원의 공간으로 조망하는 활동은 시야를 넓게 해줄 뿐만 아니라 오감이 함께 발달하는 훌륭한 놀이가 된다.

• 주의할 점

4~7세 아이가 그리는 설계도는 당연히 아주 엉망일 것이다. 미숙한 표현에 답답해하는 건 전혀 도움이 되지 않는다. 아이의 설계도가 점점 발전하기 위해서는 엄마 아빠의 설계도를 보여주고 따라 그리기 활동으로 연결해야 한다. 따라 그리다 보면 어느새 아이는 자기만의 설계도를 멋지게 그릴 수 있을 것이다.

• 응용 놀이

집에서 편의점까지 지도 그리기나 엄마 아빠와의 산책길 지도 그리기로 응용하자. 아이가 무엇에 관심이 있는지 파악할 수 있어 아이의 마음을 이해하는 데 큰 도움이 된다. 또는 3장의 지도를 벽에 붙여놓자. 우리 가족이 사는 동네 지도, 우리나라 지도, 세계 지도 이렇게 3장이 좋다. 마트, 도서관, 놀이공원, 할머니 댁 등 아이가 다녀온 곳을 손가락으로 짚으며 길을 따라가 보는 것도 무척 도움이 된다.

지식 놀이 ④ 젓가락질을 하며 과자를 먹자

미국의 미래학자 앨빈 토플러는 "젓가락질을 하는 민족이 21세기 정보화 시대를 지배한다"라고 말하기도 했다. 젓가락질을 하면 손가락뿐만 아니라, 손바닥, 손목, 팔꿈치까지 30여 개의 관절과 50여 개의 근육이 동시에 움직여서, 눈과 손의 협응력을 키워주고 섬세한 소근육의 발달을 도와줘 결국엔 두뇌 발달로까지 연결되기 때문이다. 게다가 우리나라는 전 세계에서 유일하게 쇠젓가락을 사용한다. 나무젓가락을 사용할 때보다 더 섬세함이 필요하다.

• 놀이 방법

젓가락질은 말로 가르치기가 무척 어려운 활동이다. 그야말로 암묵지식이다. 하지만 젓가락질을 가르치느라 밥 먹을 때 잔소리를 하면 오히려 부작용만 생긴다. 대신에 과자를 활용해보자. 젓가락으로 쉽게 집을 수 있는 과자류부터 시작하자. 양파링처럼 끼워 올리는 것도 좋다. 젓가락질을 하며 과자를 먹으면 아이들도 재미있어하고 기능 향상에도 큰 도움이 된다. 조금씩 해보면서 과자의 난이도를 올린다. 처음엔 나무젓가락으로 시작해서 조금 익숙해지면 쇠젓가락에 도전한다. 가위바위보를 해서 차례로 먹기 등으로 응용하면 더 재미있게 할 수 있다. 어려우면 유아용 젓가락에서 시작해 점차 일반 젓가락으로 옮겨가도 좋다. 이 활동에서도 당연히 대화가 중요하다. 특히 한두 번 해서는 절대 잘할 수 없고, 날마다 10번씩 1년 정도는 해야 잘할 수 있다고 말해줘야 쉽게 포기하지 않는다.

· 젓가락질 방법

① 한 짝은 약지 위에 올리고 엄지와 검지 사이의 안쪽에 끼운다.

② 나머지 한 짝은 중지 위에 올리고 검지와 엄지로 감싼다.

③ 위쪽 젓가락만 움직인다.

"맞아, 그렇게 하는 거야. 잘하는구나. 엄마 손 보고 똑같이 따라 해볼래? 잘했어."

"이렇게 날마다 10번 연습하면 엄마 아빠처럼 잘하게 될 거야."

"중간에 실수하게 될 거야. 젓가락을 떨어뜨릴 수도 있어. 엄마도 다 그렇게 배웠어."

"젓가락질 연습을 자주 하면 더 똑똑해진대."

"손가락 움직이는 연습을 하면 만들기도 더 잘할 수 있어."

· 주의할 점

젓가락으로 콩 옮기기가 일반적으로 가장 자주 하는 놀이다. 하지만 너무 어렵다. 4~7세 시기의 놀이에서는 좌절이 아닌 성취 경험이 가장 핵심이다. 어른도 어려운 콩 옮기기 놀이로 젓가락질 트라우마를 만드는 일은 없어야 한다. 사실 젓가락질은 매우 어려운 일이다. 계속 설명하다 보면 목소리가 높아질 수 있다. 무한 반복만이 가장 좋은 방법이며, 실수하고 못 해도 그저 칭찬만

해줘야 한다는 사실을 꼭 기억하자.

• 응용 놀이

나무젓가락으로 산가지 놀이를 한다. 나무젓가락 20~30개를 손에 움켜쥐었다가 바닥에 흩뿌린다. 한 사람씩 차례로 젓가락 하나를 가져오되, 다른 젓가락은 건드리지 않아야 한다. 건드리면 무효가 되고 다음 사람으로 넘어간다. 서로 건드리지 않으려면 눈으로 관찰하고 손을 섬세하게 움직여야 하므로 눈과 손의 협응력(시각 운동 협응력)이 향상된다. 방법이 없을 때는 남은 나무젓가락을 모두 쥐어서 다시 흩뿌리는 이타적 행동이 필요하기도 하다. 부모가 먼저 모델을 보여주면 아이는 아주 즐겁게 따라 하게 된다. 놀이가 끝나면 가져온 젓가락의 수를 세어 점수 계산을 한다. 수 감각이 빠르게 발달하는 아이라면 나무젓가락에 색 테이프를 감아 빨강 1점, 노랑 3점, 파랑 5점 등으로 점수를 계산하는 것도 좋다.

지식 놀이 ⑤ 물건을 관찰하고 수를 세어 표를 그리자

과자를 먹을 때도, 공놀이를 할 때도 운동 경기에서 순위를 매기듯이 표를 그리면 아이의 통합적 지식의 발달에 매우 효과가 좋다. 코로나19 확진자 수도 단순 숫자보다는 일주일이나 한

달간의 그래프로 보면 그 추이를 이해하는 데 큰 도움이 된다. 이렇게 객관적으로 살펴보는 것이 바로 표와 그래프의 힘이다. 아이와 함께 표를 그려보자.

• 놀이 방법

아이가 가진 장난감의 종류를 표로 만들어보자. 대강 만들어도 다음과 같은 모습일 것이다. 장난감의 개수가 많아도 상관없다. 수 감각 향상뿐만 아니라 자신이 얼마나 많은 장난감을 갖고 있는지 자각하는 데도 큰 도움이 된다.

○○(이)의 장난감 목록

개수 / 종류	인형	자동차	로봇
5		○	
4	○	○	
3	○	○	
2	○	○	
1	○	○	○

• 주의할 점

관찰 놀이용 표를 미리 편집해서 만들어두면 좋다. 처음엔 표에 대한 개념이 없어서 줄을 맞춰 수를 적는 일조차도 미숙할 것이다. 여러 번 반복하면 아주 능숙해지니 약간의 인내력을 발휘해 표 만들기에 익숙해지도록 도와주기 바란다.

• 응용 놀이

거리 재기로 활용해보자. 던지기 놀이를 한 후에 부모와 아이가 던진 거리가 몇 뼘인지 세보기, 발걸음이나 줄자로 재보기 등 다양하게 활용할 수 있다. 더 나아가 미니 저울을 이용한 무게 재기 등으로 활용하면 수 감각뿐만 아니라 전반적인 수학 능력이 매우 잘 발달하게 된다. 다양한 놀이 상황에서 적절한 측정 도구를 활용할수록 더 도움이 된다. (예: 30cm 자, 2m 줄자, 5m 줄자, 양팔저울, 저울, 계량컵, 비커, 시계, 1분 모래시계, 5분 모래시계 등)

지식 놀이 ⑥ 간식을 먹으며 재료가 무엇인지 알아맞히자

아이가 좋아하는 음식은 무척 많다. 그리고 하나의 음식에는 다양한 재료가 들어간다. 채소 햄을 좋아한다면 햄의 단면을 보면서 추측해보는 것도 재미있다. "이건 뭘까? 이건 당근 같아."

• 놀이 방법

떡볶이를 먹을 때 어떤 재료를 사용해서 만들었는지 아이와 퀴즈 놀이를 해보자. 만두는? 떡국은? 하나의 음식에 들어 있는 재료가 무엇인지 추측해보는 일은 생각하는 능력을 크게 자극시켜준다. 이런 생각을 하지 못한 아이는 초등학생이 되어도 떡볶이를 만드는 데 필요한 재료가 떡과 어묵뿐이라고 말하기도 한다. 아무리 어려도 제대로 방법을 배우기만 하면 생각하는 능력이 무척 뛰어날 수 있음을 기억하자.

• 주의할 점

음식 재료 중에는 아이가 싫어하는 게 있다. 당근을 싫어하는 아이가 자신이 좋아하는 스파게티에 당근이 들어간 사실을 알게 되면 오히려 안 먹겠다고 할 수 있다. 당근까지 잘 먹는다는 걸 깨닫게 해주려다가 오히려 못 먹는 음식이 생길 수도 있으니 싫어하는 재료가 있다면 아이의 반응을 봐서 적절히 말해주거나 감춰도 좋다.

• 응용 놀이

아이가 좋아하는 장난감의 재료를 알아보는 놀이로 확장해보자. 더 나아가 어떤 과정을 거쳐서 완성되어 내가 갖고 놀 수 있게 되었는지 추측해보는 것도 무척 훌륭한 사고력 놀이가 된다.

지식 놀이 ⑦ 이름 붙이기 놀이를 하자

직접 그린 그림, 블록으로 만든 성, 클레이로 만든 자동차 등에 이름을 붙이는 놀이다. 아이 스스로 만들었다면 어떤 것이든 이름을 붙이자. 자신의 활동에도 이름을 붙일 수 있다. 아이의 그림으로 책을 만든다면 그림책 제목 짓기, 출판사 이름 정하기 등의 활동이다. 아이의 막연한 생각이 언어로 표현될 수 있고, 그 과정에서 이럴까 저럴까 고민하며 생각을 정리하는 언어적 능력이 매우 좋아진다.

• 놀이 방법

다음 사례를 통해 이름 붙이기 놀이의 진행 방법에 대해 알아보자. 사진과 그림이 많은 백과사전을 보고 있는 5살 아이에게 이제 놀이할 시간이라 말하며 대화를 시작했다. 아이는 책을 계속 보려고 한다.

선생님 여기 네가 보던 곳을 선생님이 포스트잇으로 붙여둘게.

(그 말을 들은 아이가 책에 달린 끈을 앞으로 끌어당긴다.)

선생님 아, 이런 게 있었구나. 이거 이름이 뭐더라?

아이 모르겠어요.

선생님 그래? 그럼 우리가 한번 이름을 만들어볼까?

아이   끈이요.

선생님   무슨 끈?

아이   책 보는 끈.

선생님   아! 멋지다. 앞으로 우리는 이 끈을 책 보는 끈이라고 부를까?

아이   아뇨. 책끈이요.

선생님   왜?

아이   그냥요. 그게 더 짧잖아요. 더 잘 기억할 거예요.

선생님   맞아. 책끈이 더 간단하고 기억도 잘될 것 같아.

아이   좋아요. 얘는 이제 책끈이에요.

또 다른 6살 아이는 보드게임을 할 때 규칙을 잘 지키고 친구를 기다리며 배려하기에 칭찬해줬다. 그랬더니 자기한테 '배려맨'이라고 이름을 붙인다. 원래 별명이냐고 물었더니 지금 막 만든 거란다. 평소에 이름 붙이기 놀이를 몇 번 했더니 이렇게 더 좋은 아이디어로 발전시키는 모습이 너무 사랑스럽다. 지식이 언어로 쌓여가는 모습에 저절로 미소가 지어진다.

• 주의할 점

4~7세 아이들은 너무 단순하거나 반대로 너무 황당무계한 이름을 붙이기도 한다. 어떤 이름이라도 지지해주고, 기록해두자.

아이가 만든 이름을 동요에 붙여 가사 바꿔 부르기 놀이로 활용해도 좋다.

• 응용 놀이

이름을 붙인다는 것은 그 사물의 본질이 무엇인지 생각해서 자신이 아는 단어로 구성하는 작업이다. 그렇다면 우리 가족을 대표하는 이름도 가능하고, 자동차에도 이름을 붙일 수 있다. 아이와 즐겁게 대화하면서 진행해보기 바란다.

지식 놀이 ⑧ 말놀이를 하자

지식은 언어이고 언어는 아이의 말로 표현된다. 말을 하려면 자신의 느낌과 생각을 알아차리고, 그것들을 언어로 생각하며, 그 생각을 말로 표현하는 과정을 거쳐야 한다. 그래서 언어는 아이의 인지 발달에 있어 너무나도 중요한 역할을 담당한다.

• 놀이 방법

말놀이의 종류는 무척 많다. 끝말잇기 놀이, 눈에 보이는 사물 이름 말하기, '가'로 시작하는 말, '리'로 끝나는 말, 말 전달 놀이, 단어 거꾸로 말하기, 말의 내용을 반대로 말하기 등 부모는 이미 수많은 말놀이의 방법을 잘 알고 있다. 하지만 말놀이를 실행하기는 왠지 번거롭게 느껴져 의외로 많은 부모들이 아이와의 말놀이를 즐겨 하지 않는다.

• 주의할 점

예능 프로그램을 보면서 연예인들이 나라와 수도를 엉뚱하게 말하거나, 초등학생도 알 만한 사실을 전혀 몰라 제대로 말하지 못할 때 우리는 의아해하지 않는다. 놀이인 줄 알기 때문이다. 혹시 우리 아이가 말놀이를 할 때 그런 모습을 보인다고 해도 예능처럼 놀이 그 자체로 즐겁게 진행해야 한다. 아이가 어제 배운 단어를 기억하지 못해도, 단어를 정확하게 말하지 못해도 답답하고 화는 나겠지만, 즐겁게 받아줄 수 있어야 한다. 그래야 아이가 말놀이를 즐기게 되고, 다시 반복하는 말놀이를 통해 언어 능력 향상이라는 중요한 열매를 얻을 수 있다.

• 응용 놀이

약간의 번거로움을 감수할 수 있다면 새로 배우는 단어장이나 단어 카드를 만들어 따먹기 놀이, 단어 카드에 클립을 꽂아 낚시 놀이, 3글자 또는 4글자 단어 모으기 등으로 응용하자. 특히 글자 수를 활용한 단어 놀이는 음절 수를 인식하게 도와줘 말소리와 글자를 연결해서 글을 읽을 때 중요한 능력을 키워준다. 글자

를 배우고 읽기를 연습할 때 특히 필요한 능력이므로 같은 글자
수의 단어 찾기 놀이를 즐겨 하면 매우 효과적이다.

· 같은 글자 수의 단어 찾기 놀이 방법

① 소꿉놀이 그릇이나 작은 바구니 4개를 준비한다. 각 바구니에 1글자, 2글
자, 3글자, 4글자 표시를 붙인다. 4가지 색깔 칩을 정하거나 색종이를 오려
서 만든다. 숫자를 써도 좋다.

② 부모가 한 단어를 말하면 아이가 글자 수를 세어 작은 칩을 해당 바구니에
넣는다.

지식 놀이 ⑨ 스무고개 놀이를 하자

5살 정도부터는 생각하는 놀이를 시작해야 한다. 정서적 만
족감을 주는 놀이도 여전히 중요하지만, 인지를 자극하는 놀이
를 제공해야만 균형 발달이 이뤄지며, 이 과정에서 아이가 배우
고 생각하며 공부하는 재미를 알아가기 때문이다. 그뿐만 아니라
4~7세 시기에 익혀야 할 배경지식과 암묵지식을 최대한 언어화
하는 작업을 통해 언어적 표현 능력과 사고력을 키우는 연습은
놀이로 하면 그 효과가 극대화된다. 그중에서 최고가 바로 스무
고개 놀이다.

• 놀이 방법

스무고개 놀이는 최대 20개의 질문과 그 질문에 대한 "예/아니요"의 대답을 통해 정답을 알아맞히는 수수께끼 놀이다. 문제를 내는 사람은 한 가지 사물이나 동물의 이름을 공책에 적고 덮어둔다. 맞히는 사람이 질문하면 대답은 "예/아니요"로만 할 수 있다.

생물입니까? 예.

식물입니까? 아니요.

동물입니까? 예.

다리가 4개입니까? 아니요.

다리가 2개입니까? 예.

새입니까? 예.

우리 집에서 볼 수 있습니까? 아니요.

실제로 본 적 있습니까? 예.

동물원에서 봤습니까? 예.

독수리입니까? 아니요.

색이 예쁩니까? 예.

그럼 홍학. 정답입니다.

가장 큰 범주에서 "예/아니요"라는 대답을 통해 논리적으로 생각하고 답의 범위를 좁혀가면서, 아이는 그동안 자신이 쌓은 지식을 총동원하게 된다. 예전에는 아이들이 모여서 즐겨 했던 놀이지만, 요즘은 거의 논술 학원에서 배우는 공부가 되어버렸다. 부모가 4~7세 시기에 이 놀이를 함께해준다면 아이의 논리적 사고가 엄청나게 발전할 수 있음을 기억하자.

• 주의할 점

아이가 먼저 사물이나 동물 중 하나를 정해서 종이에 그림이나 글자로 표현하고 가려둔다. 엄마 아빠가 질문하는 방식으로 먼저 시작하면 좋다. 여러 번 반복적으로 퀴즈 놀이를 하듯 진행해야 아이도 어렵지 않게 스무고개 놀이에 빠져들 수 있다. 혹은 엄마 아빠가 먼저 시범을 보여주며 진행해도 좋다. 엄마가 오늘 먹고 싶은 메뉴를 적어두고 아빠와 아이가 함께 맞히기 등으로 활용하면 더 재미있다.

질문의 순서는 앞서 언급한 바와 같이 큰 범주에서 작은 범주로, 논리적인 순서로 조직화하는 것이 중요하다. 그래야 좀 더 집중해서 생각하고, 문제를 해결하기 위한 전략을 짜며, 지시와 규칙을 따르는 능력도 발달한다. 바로 이런 활동들은 생각하고 조직하고 계획하고 실행하는 전두엽의 발달을 돕는다.

• 응용 놀이

아이의 이해도에 따라 세 고개, 다섯 고개, 열 고개로 점차 수
준을 높여가면서 놀이를 할 수 있다. 사물이나 동물의 특징을 두
세 문장으로 설명한 다음에 알아맞히는 퀴즈 놀이부터 시작해
보자.

지식 놀이 ⑩ 역할놀이를 하자

역할놀이 혹은 가상놀이는 4~7세 부모라면 절대적으로 알아
야 할 매우 중요한 놀이다. 엄마 아빠 놀이, 경찰관 놀이, 소방관
놀이, 선생님 놀이 등 역할놀이는 아이들이 그 과정을 통해 각
역할의 의미와 행동 방식을 이해하는 통합적 지식의 발달에 도
움을 주는 것은 물론, 상대방의 입장을 이해하고 생각하며 조율
하는 경험을 통해 사회적 협동 능력뿐만 아니라 사고력의 발달
까지 이뤄낼 수 있다.

더불어 역할놀이는 심리적 성장에도 큰 도움을 준다. 분리 불
안이 심한 아이들을 대상으로 한 실험에서 분리 불안을 주제로
인형 놀이를 한다. 엄마가 아이를 어린이집에 데려다주고 헤어지
는 장면, 그리고 다시 만나는 장면을 역할놀이로 하면 아이의 불
안이 줄어든다. 물론 놀이 속에서 분리 불안을 효과적으로 다
루는 장면들을 연출하면 더 도움이 된다. 헤어질 때 "사랑해. 잘

놀다 와. 엄마가 집에서 기다릴게"라고 말하고 약속된 시간에 아이를 데리러 오는 장면, 엄마가 집에서 아이를 생각하는 장면, "시간이 되었으니 우리 아이 데리러 가야지"라고 말하는 장면 등을 연출하는 것이다. 이러한 연출은 결과적으로 아이가 마음의 불안에 미리 대처하는 훌륭한 연습이 된다.

미국의 심리학자 산드라 러스(Sandra Russ)는 4~7세 시기에는 '마치 ~인 척'하는 역할놀이가 최고의 교육이라고 이야기한다. 이 놀이를 통해 아이가 자신만의 이야기를 만들어내고, 표현 방법을 찾는 과정에서 창의력과 상상력이 발달할 뿐만 아니라 문제 해결력의 신장에도 도움이 된다고 강조한다.

• 놀이 방법

놀이 방법은 간단하다. 아이가 원하는 역할을 하도록 해준 다음, 아이의 말을 따라가며 적절히 맞장구쳐주고 질문 대화를 활용해보자. 선생님 놀이에서 아이가 선생님 역할이라면 엄마는 아이 역할이다.

선생님, 그림 못 그리겠어요. 어려워요.

선생님, 집에 가고 싶어요.

선생님, 친구가 나랑 안 논대요.

이와 같이 아이 역할인 엄마가 어려움을 제시하거나 질문하고 선생님 역할인 아이의 말을 들으며 대화를 이어나가면 된다. 아이는 그동안 선생님 역할에 대해 습득한 다양한 지식을 활용해 열심히 역할을 수행한다. 바로 이때 아이는 선생님의 입장을 이해함과 동시에 자신에게도 교정적인 행동의 중요성을 설파하는 효과를 얻게 되는 것이다. 이 과정에서 학자들이 강조한 사고력, 상상력, 창의력이 발달하게 된다는 사실을 꼭 기억하면 좋겠다.

• 주의할 점

교육적으로 활용하려는 욕심에 어려운 과제나 질문을 제시하는 건 조심해야 한다. 어떤 놀이든 아이가 했을 때 즐겁게 하고 뿌듯함을 느끼는 게 가장 중요하다는 사실을 기억하자.

• 응용 놀이

역할놀이는 무궁무진하게 응용할 수 있다. 아이가 호기심을 가진 대상이면 충분하다. 여러 가지 직업, 엄마 아빠, 할머니 할아버지 등 다양하지만, 그중에서도 영웅의 역할은 더 효과적이다. 아이가 좋아하는 인물이 된 듯 행동하게 된다. 단, 아이언

맨, 스파이더맨 등의 역할을 하게 되면 공격적인 행동만 묘사할 수도 있다. 이럴 때는 아이언맨이 열심히 로봇을 만드는 모습, 스파이더맨이 학생으로 신분을 숨기는 모습, 두 영웅이 누군가를 도와주는 모습 등 아이가 쉽게 놓치는 역할을 제시한다면 더욱 흥미롭게 놀이를 할 수 있다.

: 독서의 무한한 영향력

통합적 지식을 발달시키는 또 다른 최고의 방법인 독서에 대해 알아보자. 여러 번 언급했듯이 배경지식을 쌓는 가장 최고의 방법은 바로 독서다. 세상의 온갖 이야기와 지식을 간접 경험으로 습득하게 도와준다. 그뿐만이 아니다. 독서는 암묵지식의 형성에도 큰 도움이 된다. 몸으로 체득하는 건 아니지만, 독서 과정에서 일어나는 심리적 동일시 현상에 의해 진짜 등장인물이 되어 경험하는 것 같은 느낌을 선사하기 때문이다. 그렇다고 아이에게 책만 제공하면 되는 건 아니다. 책으로 얻은 지식을 현실에서 체험하지 못하면 그 지식은 한계에 부딪히기도 한다.

닭과 달걀에 대한 지식을 배우는 방법을 비교해보자. 성장 과정에서 달걀을 부화해서 병아리를 얻고 일정 기간 키워본 아이와 닭과 달걀에 관해서는 치킨과 달걀프라이에 대한 기억밖에 없는 아이가 '닭과 달걀' 주제의 책을 읽고 공부한다고 생각해보자. 알이 부화해서 병아리를 거쳐 닭이 되는 과정을 호기심 가득 애틋한 마음으로 돌보고 관찰한 아이와 한정된 경험뿐인 아이를 비교했을 때 누가 더 닭에 대한 지식을 빠르게 습득해서 기억하고 좀 더 다양한 아이디어로 발전시킬 수 있을지 예측하는 건 어렵지 않은 일이다.

그러므로 어느 한쪽으로 치우치지 않고 책을 통한 지식과 놀이를 통한 경험이 유기적으로 연결되어 배경지식과 암묵지식이 통합적으로 발달하도록 도와줘야 하는 것이다. 책을 통해 먼저 관심을 가질 수도 있고, 경험을 통해 생긴 호기심으로 책을 더 탐구하게 되기도 한다. 순서는 상관이 없다. 여기서 중요한 사실은 책과 함께 현실을 경험할 수 있는 놀이가 역동적으로 이뤄져야 하며, 그중에서도 책은 심리적 자산뿐만 아니라 현실 사고 능력의 기반이 된다는 점이다.

4~7세 시기에 이뤄지는 독서의 가장 핵심은 어떻게 해야 우리 아이가 책 읽기를 즐기는 아이로 커갈 수 있는가다. 여기서 강조하고 싶은 점은 아이의 책 읽기는 부모의 책 읽어주기 태도에 따라 극명하게 다른 길을 걷게 된다는 사실이다. 그렇다면 4~7세 시기의 독서는 어떤 방법으로 진행되어야 할까? 어떻게 책을 읽어줘야 아이가 독서의 좋은 영향을 온몸으로 받아들이며 성장

할 수 있을까?

이미 책 읽어주기를 하고 있다면 지금 제대로 하고 있는지부터 점검해보자. 방법은 아주 간단하다. 부모가 책을 읽어줄 때 아이의 심리적 태도를 살펴보면 된다. 엄마 아빠가 책 읽어주는 시간을 기다리고 좋아한다면 책이 주는 정서적·인지적 이로움을 이미 다 누리고 있는 것이다. 만약 그렇지 못하다면 읽어주는 방법에 문제가 있어 이로움은커녕 점차 책을 싫어하게 되는 부작용이 생길 수 있다. 거실을 온통 아이 책으로 둘러싼다고 해도 점차 책에 흥미를 잃게 되는 것이다. 그렇다면 지금까지의 방법을 멈추고 새롭게 시작해야 한다.

원래 아이의 타고난 발달적 욕구는 성장을 향해 움직이고 있다. 크게 잘못된 방식으로 빠지지만 않으면 책을 읽어주는 엄마 아빠와 안정된 애착을 형성하고, 정서적 안정감을 느끼며, 책에서 배우는 통합적 지식을 장기 기억 장치에 아주 탄탄히 저장하게 된다. 책을 좋아하는 아이로 커가는 건 아이 자신에게도 부모에게도 큰 기쁨이고 축복이다. 그러니 더더욱 4~7세 시기의 독서가 평생의 독서로 이어질 수 있도록 효과적으로 도와주는 방법에 대해 알아야 한다. 이제부터 바람직한 4~7세 시기의 독서 방법으로 우리 아이가 스스로 책의 세상 속으로 들어갈 수 있도록 이끌어주자.

: 통합적 지식을 키우는 10가지 독서 방법

지식 독서 ① 독자의 권리를 맘껏 누리게 하자

아이가 독서를 즐기며 성장하기 위해서는 책과 책 읽기에 대한 긍정적인 태도를 갖추는 것이 필수 조건이다. 한마디로 책을 좋아하면서 놀 줄도 알아야 한다. 독서에 대한 긍정적인 태도는 독서 능력을 발전시키고 더 깊게 탐구하게 하는 아주 강력한 동기가 되어준다. 그래서 4~7세 아이를 위한 책 읽기는 신나고 재미있는 무언가를 느끼는 과정이 되어야 한다. 그런데 부모가 책을 읽어줄 때 아이의 문제 행동을 걱정하는 경우가 너무 많다. "아이가 책을 읽어주면 딴짓해요", "책을 자꾸 뒤적이고 읽어줘도 듣지를 않아요" 등의 판단은 잘못된 고정 관념일 뿐이다. 아이라면 당연히 나타나는 행동임에도 불구하고 문제 행동으로 판단하고 지적하고 고치려 한다. 안타깝게도 바로 그 지점에서부터 책에 대한 거부감이 생겨난다. 부모가 가진 독서에 대한 잘못된 고정 관념에서 생겨나는 문제다.

이제 새로운 관점으로 독서에 대해 생각해보자. 책을 읽는 '독자의 권리'에 대해 생각해본다면 아이의 행동이 저절로 이해될 뿐만 아니라 여유로운 대처가 가능할 것이다. 프랑스의 작가 다니엘 페낙(Daniel Pennac)은 독자의 권리(The Rights of the Reader)

10가지를 강조한다.

① 책을 읽지 않을 권리

② 건너뛰며 읽을 권리

③ 책을 끝까지 읽지 않을 권리

④ 책을 다시 읽을 권리

⑤ 어떤 책이나 읽을 권리

⑥ 책을 현실로 착각할 권리

⑦ 아무 데서나 읽을 권리

⑧ 마음에 드는 곳을 골라 읽을 권리

⑨ 소리 내서 읽을 권리

⑩ 읽고 나서 아무 말도 하지 않을 권리

책을 좋아하는 어른이라면 이미 충분히 누리고 있는 이 권리를 아이에게 허용하는 부모는 별로 없다. 왜 그럴까? 책을 읽지 않으려고 하는 것, 대충 건너뛰며 읽는 것, 아무 데서나 읽는 것, 자신이 읽고 싶은 곳만 골라 읽는 것 등은 제대로 된 독서가 아니라는 고정 관념 때문이다. 만약 지금 책을 읽는 나에게 이런 행동을 금지한다면, 내가 원치 않는 장르의 책을, 책상에 앉아서, 뒤적이지 말고 처음부터 순서대로 정독하라고 하면 어떨까? 거부감이 앞선다. 특히 아이는 커가는 중이라 더욱더 그렇다. 그러니 우리 아이가 독자의 권리를 먼저 누려야 더 잘 이해하고 기억하며 자신만의 상상으로 발전시킬 수 있다는 사실을 잊지 말자.

지식 독서 ② 편독에 대한 오해를 풀고 책을 고르자

얼마나 다양한 장르의 책을 읽혀야 할까? 좋아하는 주제의 책만 보게 해도 괜찮을까? 부모가 아이의 책을 고를 때 늘 고민하는 지점이다. 우리 아이가 혹시 편독하게 되지는 않을지 걱정한다. 하지만 편독이라는 단어는 적절하지 않다. 세상에 편독하지 않는 사람은 없다. 아이가 특정 주제나 장르의 책만 읽는다고 걱정하는 경우가 많지만, 이는 근거 없는 걱정일 뿐이다. 오히려 특정 주제나 장르의 책을 좋아하는 아이를 위해 보다 성숙한 독서로 이끌어주는 방법을 모른다는 점을 더 걱정해야 한다. 그러니 아이가 특정 주제나 장르를 좋아한다면 오히려 반갑고 고마운 마음으로 어떻게 더 발전시켜줘야 할지 그 방법을 생각하는 것이 우선이다.

성숙한 독서로 가는 첫 단계는 아이가 관심 있는 소재나 주제의 책을 고르는 것이다. 공주 이야기에 관심 있는 아이, 자동차나 공룡, 로봇과 우주 이야기를 좋아하는 아이, 추리나 모험 이야기를 즐기는 아이, 감성적 이야기에 푹 빠지는 아이 등 아이의 취향은 가지각색이다. 무조건 다양한 장르의 책을 읽어야 한다는 고정 관념에서 벗어나, 아이가 좋아하는 주제 속으로 깊이 들어갈 수 있도록 도와주는 과정이 중요하다. 만약 아이가 공룡책만 본다면, 공룡이 등장하는 지식책에서 공룡이 등장하는 창작 동화로, 공룡의 역사를 살피며 지구와 인류의 역사까지 조망하는 역사책으로 확장하는 것이다. 더 나아가 공룡 뼈를 발굴하는 이야기, 뼈를 관찰해서 실제 모습을 상상하고 모형을 만든 사람은 누구인지, 이후 공룡 연구는 어떻게 발전되어왔는지, 공룡을 연구한 사람들과 공룡을 여러 가지 콘텐츠로 만드는 산업에 관한 이야기로 확장한다면 무궁무진하다. 그림과 사진이 많이 수록된 백과사전을 활용하는 것도 매우 유용하다. 이처럼 특정 소재만 좋아한다고 해서 걱정할 필요가 전혀 없다.

지식 독서 ③ 책과 즐거운 기억을 연합시키자

4~7세 시기에 책을 좋아하는 아이로 키우기 위해 중요한 지점은 바로 책과 즐거운 기억을 연합시키는 것이다. 어린아이들은 늘 엄마 아빠의 부드러운 목소리와 미소, 그리고 포근함이 책과 연합이 되어 있다. 하루 중 책을 읽어줄 때의 부모 모습은 가장 아이가 바라는 모습이기도 하다. 초등학생이 된 아이들이 독서를 싫어하게 되는 가장 큰 이유는 독서가 의무가 되면서 숙제, 지루

함, 어려움 등의 이미지와 연합이 되기 때문이다. 책만 보면 지루하고 부담스럽고 독서록을 써야 한다는 부담을 느낀다. 이런 잘못된 연합 현상이 생기지 않기를 바란다.

책 읽을 때 엄마의 따뜻한 체온, 아빠의 든든한 품, 재미있는 이야기, 엄마 아빠의 부드러운 목소리와 표정 등이 책과 연합되는 것이 중요하다. 그래서 책을 떠올리면 즐겁고 편안하고 흥미로운 무언가를 기대하는 마음, 그렇게 연합된 기억을 만드는 것이 중요하다. 그 기억이 강렬하다면 아이는 앞으로도 계속 책 읽기를 발전시켜나가게 될 것이다. 나중에 온전히 혼자 읽기로 독립하게 되어도 강렬하게 연합된 기억은 아이가 평생 책과 친구로 살아가도록 이끌어준다. 그리고 초등 3학년 정도까지는 계속 읽어주는 것이 좋다. 글자를 안다고 해서 혼자 읽기를 강요한다면 아직 듣기 능력에 비해 읽기 집중력과 읽고 바로 이해하는 능력이 부족해 책이 어렵게 느껴지고, 책과 점점 멀어질 위험성이 높아지기 때문이다.

지식 독서 ④ 책을 놀이로 확장시키자

책 내용을 매개로 다양한 놀이로 확장하면 독서와 놀이의 이로움을 모두 얻을 수 있다. 책 내용과 연결해서 그림 그리기, 만들기, 노래 부르기, 악기 연주하기, 다양한 몸놀이하기, 역할극 하기 등 어떤 놀이로도 응용할 수 있다. '어떤 책에 어떤 활동을 하는 것이 좋을까?', '우리 아이가 책이랑 놀 수 있는 방법은 뭘까?'에 대한 정답은 바로 아이가 갖고 있다. 그림을 좋아하는 아이는 그리기를 통해서, 대화를 좋아하는 아이는 말하기를 통해서, 발명을 좋아하는 아이는 만들기를 통해서 표현할 수 있도록 도와주는 것이다. 어떤 책이든 아이가 원하는 활동, 엄마 아빠가 함께할 수 있는 활동을 하면 된다. 『반쪽이』를 읽고 나서는 반쪽이를 흉내 내며 그 어려움을 경험하고 표현하는 과정을 통해 더 많은 이야기를 나눌 수 있다. 책 속 대사를 따라 말놀이를 하고 역할극을 한다면 더할 나위가 없다. '더 재미있게 더 즐겁게'라는 마음가짐으로 시작한다면 책에서 놀이로의 성공적인 확장이 이뤄질 것이다.

지식 독서 ⑤ 책을 읽고 그림을 그리자

책을 읽고 노는 방법 중에 그림 그리기는 아이들 모두가 좋아하고 즐기는 방법이다. 책과 관련된 그림 그리기 방법을 활용해서 아이가 책의 내용을 되새김질하며 자신만의 표현 방식으로 재구성할 수 있도록 도와주자.

다음은 책에 관한 그림 그리기 방법이다. 아이에게 제안하고 한 번에 하나씩 다양하게 활용하기 바란다. 책 읽고 그림 그리기는 아이의 흥미를 북돋아주고 사고력과 집중력을 키우는 데도 도움이 된다.

- **마음에 드는 장면 그리기**
- **마음에 드는 장면 복사해서 말풍선 만들어 대사 집어넣기**

  아이가 글자를 모르거나 쓰기를 부담스러워한다면 부모가 받아써준다. 이 때 아이의 말을 고치지 않는다. 몇 년 뒤 다시 보면 아이의 마음이 고스란히 느껴질 것이다.
- **주인공이나 마음에 드는 인물 그리기**
- **새로운 제목을 정하고 표지 그림 다시 그리기**
- **4컷짜리 만화로 꾸미기**

  도화지에 가로 2칸 세로 2칸 방식, 병풍식으로 길게 4칸 방식, 색종이 4장 사용 등 다양한 방식과 소재를 활용한다.
- **주인공이나 등장인물 꾸미기**

  커다란 전지 위에 실제 사람만 한 크기로 주인공이나 등장인물을 그려 재미 있는 표정으로 꾸민다. 몸짓, 옷차림, 머리 모양, 장신구, 기타 신체 특징 등 다양하게 응용할 수 있다.

책과 관련된 활동에서 흥미로운 점은 이야기를 나누고 놀면서 그리다 보면 부모가 미처 몰랐던 아이의 깊은 생각과 표현을 접한다는 것이다. 그냥 한번 해보고 흘려버리기엔 너무 귀한 결과물이다. 아이가 한 말을 따로 적어두거나 아이의 그림들을 사진으로 찍어 작품집을 만들기 바란다. 책 제목, 작가, 출판사, 날짜, 나눈 이야기, 활동 자료 사진과 그에 얽힌 장면 설명 등이 어우러지면 최고의 작품집이 될 수 있다.

지식 독서 ⑥ 책과 관련된 질문을 하자

유대인 부모는 아이에게 동화책을 끝까지 읽어주지 않는다. 독일의 대문호 괴테의 어머니도 그랬다. 이야기가 한창 재미있어질 시점에 책을 덮고 과연 그다음에는 어떻게 될지 아이가 상상해서 이야기를 해보도록 한다. 아이가 자기 생각을 키워가고 상상하는 기회를 충분히 주는 것이다. 그렇다고 해서 책 내용을 잘 기억하지 못하거나 이해하지 못하는 것은 절대 아니다. 아이가 만든 이야기를 부모가 충분히 지지하고 반응해준 다음, 다시 책을 읽으며 작가의 생각과 비교해보게 한다. 이런 과정을 통해 아이는 자기 생각을 다듬고 발전시켜나가는 것이다.

책을 읽고 어떤 질문을 하면 좋을까? 아이의 호기심을 자극해서 스스로 생각을 시작하게 하는 질문이 제대로 된 질문이다. 뉴턴의 질문은 "사과는 떨어지는데 왜 달은 떨어지지 않을까?"였다. 아인슈타인이 빛의 세계를 발견하게 했던 질문은 "내가 만약 빛의 속도로 날아가면서 거울로 나를 본다면 어떻게 보일까?"였다.
우리가 애용하는 포스트잇도 마찬가지다. 성가대원이었던 3M 연구원 아서 프라이(Arthur Fry)는 부를 곡에 서표를 끼워놓곤 했는데, 자주 떨어져서 당황했던 적이 한두 번이 아니었다. 그의 질문은 "붙였다 뗐다 할 수 있는 서표를 만들 수는 없을까?"였다. 이렇듯 세상의 수많은 발명과 발견은 질문에서 시작되었다. 아이에게 스스로 질문을 던지고 탐구하는 능력이 생길 때까지 부모의 질문은 아이의 지식에 생명을 불어넣는 일이 될 것이다.

책을 읽는 과정에서 대화하기를 좋아하는 아이라면 그렇게 하는 것이 좋다. 아이의 말을 따라가며 이야기를 나누는 것이다. 아직 어린아이가 충동적인 생각으로 뜬금없는 말을 꺼낼 수도 있다. 갑자기 다른 이야기를 한다는 것은 책의 어떤 요소가 실마리가 되어 아이에게 갑자기 다른 생각이 떠오른 것이다. 그럴 때도 아이가 원하는 대로 충분히 이야기를 나누면 좋다. 다만, 왜 그런 생각을 하게 되었는지 꼭 질문해보자. 아이의 생각이 어떻게 연결되고 펼쳐지는지 확인할 수 있을 것이다. 반면에 어떤 아이는 대화 없이 내용에만 집중해서 책을 끝까지 읽고 싶어 한다. 그럴 때는 다른 대화는 하지 않고 책 내용에만 몰입할 수 있도록 끝까지 읽어주면 된다.

질문과 대화를 좋아하는 아이라면 다음의 질문을 활용해보자.

꼬리에 꼬리를 물고 이야기를 나누다 보면 좀 더 깊이 있는 대화를 할 수 있다.

- 책에서 가장 마음에 드는 부분은 어디야?
- 이 부분이 왜 좋아?

이 정도의 질문에 대답을 잘하지 못한다면 부모의 생각을 먼저 이야기하는 과정이 필요하다. 부모가 말하는 방법이 아이에게 좋은 모델이 된다.

- 엄마(아빠)는 이 그림을 보니까 어릴 적 친구가 생각나. 그 친구랑 늘 신나고 재미있게 잘 놀았거든. 너는 생각나는 사람이나 기억나는 일이 있니?
- 마음에 드는 단어를 하나만 찾아보자. 왜 그 단어가 마음에 드니?
- 제일 재미있는 장면은 어디니? 제일 웃기는 부분은?
- 따라 해보고 싶은 것은 뭐니?
- 이 책과 비슷하거나 기억나는 책 있니?
- 친구나 동생에게 이 책을 보여주고 싶니? 만약 그렇다면 그 이유는 뭐야?
- 이 책을 선물한다면 누구에게 주고 싶니?
- 이 책을 쓴 글 작가나 그림 작가에게 하고 싶은 말은 뭐니?
- 이 책에 별을 붙인다면 몇 개를 붙여주고 싶니? 이유는?

엄마 아빠와 자신의 느낌에 대해 충분히 이야기를 나눌 수 있는 아이는 심리적으로 건강해질 뿐만 아니라 자신감이 생겨서 더 많은 생각을 하고 표현도 잘하게 된다.

지식 독서 ⑦ 아이한테 책 관련 퀴즈를 내게 하자

엄마 아빠가 퀴즈를 내는 활동도 재미있지만, 아이가 답을 맞히는 수동적 역할보다는 직접 퀴즈를 내는 능동적 역할을 하게 하자. 글자를 모르면 그림만 보고 문제를 내도 좋고, 들었던 이야기를 기억해서 내도 좋다. 어쩌면 퀴즈를 내기 위해 아이는 다시 읽어달라고 요구할 수도 있고, 같은 질문을 여러 번 반복할 수도 있다. 실제로 이 방법을 시도해보면 아이가 퀴즈를 생각하느라 눈동자를 요리조리 움직이며 열심히 생각하는 모습을 보인다. 그렇게 예쁠 수가 없다.

- 구름빵은 무엇으로 만들었을까요?
- 백설 공주는 독 사과를 먹었을까요?
- 일곱 난쟁이는 몇 명인가요?

이렇게 퀴즈에 답이 들어 있어도 좋고 앞뒤가 맞지 않아도 좋다. 그저 아이와 즐기면 된다. 시간이 흐르면서 점차 실력이 늘어 아이는 더 많이 생각하고 더 재미있는 퀴즈를 내려고 애쓰게 된다. 그야말로 사고력이 커가는 모습이 눈앞에 펼쳐진다.

지식 독서 ⑧ 책에서 본 내용을 체험하자

책에 나오는 행동을 따라 하는 것도 효과적이다. 아빠의 팔을 베고 누워 TV를 보는 장면이 나오면 그대로 따라 해보는 것이다. 좀 더 활동적으로 해본다면, 떡볶이가 나오면 아이와 함께 떡볶이를 만들어보자. 그 외에 팽이 놀이, 종이비행기 날리기 등 책에 등장하는 다양한 활동을 직접 경험해보는 것이다. 그 모습을 사진으로 찍고 모아서 우리 집 그림책을 만든다면 이 또한 최고의 책 놀이가 된다. 물론 이런 과정을 실천하려면 엄마 아빠는 무척 번거롭다. 하지만 우리 아이의 정서와 인지가, 또 공부력이 제대로 발달하기를 바란다면, 초등학생이 되어 공부에 허덕이지 않고 배우고 즐기며 성장하는 아이로 커가길 바란다면 더더욱 강조하고 싶은 방법이다.

4~7세 아이를 대상으로 한 문화 센터 프로그램들이 바로 이런 부모의 마음을 알기에 점점 더 섬세하게 발전하기도 한다. 하지만 아무리 그 프로그램들의 내용과 구성이 바람직하다고 해도 부모와의 상호 작용이 모든 발달의 근원인 4~7세 시기에는 부모와 함께하는 것이 훨씬 좋다. 일주일에 한 번, 어렵다면 한 달에

한 번만이라도 실천해보기 바란다.

지식 독서 ⑨ 원하는 만큼 반복해서 읽어주자

4~7세 아이들은 특히 반복 읽기에 대한 요구가 매우 크다. 부모는 이미 알고 있는 내용을 계속 읽어달라는 요구를 이해하기 힘들다. 하지만 아이가 같은 책을 반복적으로 읽어달라고 요구하는 분명한 이유가 있다. 한 번 읽고 내용을 다 이해하지 못했기 때문이기도 하고, 익숙한 이야기가 더 몰입이 잘되기 때문이기도 하다. 한 번 읽을 때 자세히 알지 못했던 부분들을 반복해서 읽을 때마다 새롭게 알게 되는 즐거움도 있다. 잘 알고 익숙한 내용이 아이에게 심리적 안정감을 주기도 한다. 그리고 자신이 이미 알고 있는 내용이므로 사건이 어떻게 전개될지 예측하는 것도 재미있으며, 알아맞히면서 신나고 왠지 뿌듯한 감정을 느끼기도 한다.

게다가 자주 읽은 책은 엄마 아빠가 한 문장을 빠뜨리거나 조금만 다르게 읽기만 해도 아이는 바로 알아차려 틀린 부분을 바르게 읽어달라고 한다. 아이의 머릿속에 그 이야기뿐만 아니라 자세한 표현과 문장들이 통째로 장기 기억의 깊숙한 곳에 저장되었기 때문이다.

이처럼 반복 읽어주기는 새로운 책을 많이 읽어주는 것보다 도움이 되는 점이 훨씬 더 많다. 반복 읽기를 통해 저장된 지식은 아이의 평생 공부의 자산이 된다. 실제로 같은 책을 반복해서 읽은 아이들이 여러 권의 책을 읽은 아이들보다 언어 습득의 속도와 이해가 더 좋다는 연구 결과도 있다. 반복 읽기에서 얻을 수 있는 감사한 이점이다. 그러니 하루에도 여러 번 읽어달라는 요구가 힘들긴 하겠지만, 독서의 효과를 극대화할 수 있는 아주 탁월한 방법임을 기억하고 읽어주기 바란다. 정 힘들다면 책 내용을 엄마 아빠의 목소리로 녹음하고 때로는 그것을 들려주는 방법도 도움이 된다. 부디 의구심을 품지 말고 아이가 원하는 만큼 반복해서 읽어주자.

지식 독서 ⑩ 연령대별로 알맞은 방법을 찾아 책을 읽어주자

아이에게 책을 읽어주기란 쉽지 않다. 집중하지 못하고 딴짓을 하기 때문에 잘 읽어주고 싶어도 제대로 하기가 어렵다. 하지만 이렇게 나타나는 행동 특성들은 지극히 정상적이다. 다만, 아이의 발달적 특징을 몰라 어떻게 대처해야 할지도 모를 수 있다. 지금부터라도 아이의 연령대별 특징을 이해하고, 그에 따라 제대로 책을 읽어주는 방법을 알아야 한다.

이 시기의 아이는 자신의 의지를 나타내며 자율성을 가지려고 한다. "내가!", "싫어!" 등의 말을 자주 사용하며 자기주장을 표현한다. 따라서 부모와의 애착과 정서적 안정감을 바탕으로 적절한 지지와 격려, 그리고 훈육이 원활하게 이뤄져야 한다. 또 이 시기는 부모와의 상호 작용을 통해 두뇌 발달이 급격히 진행된다. 다양한 동물, 탈것 등을 그림책을 통해 이름과 특징을 알고, 크고 작은 것, 길고 짧은 것을 서로 비교하는 등 새로운 개념을 배우는 즐거움을 깨닫게 하는 과정도 필요하다. 그뿐만 아니라 생활 규칙에 대해 한창 배우는 시기이므로 생활 동화나 다양한 상황을 배경으로 한 창작 동화를 읽어주며 모방 행동의 모델을 보여주는 것도 도움이 된다.

특히 옛이야기를 읽어주는 것이 좋다. 옛이야기는 착하고 성실하고 정의로운 마음으로 살면 구원의 손길이 나타나 결국에는 이겨서 오래오래 행복하게 살아간다는 이야기로 끝난다. 명쾌한 권선징악의 구조는 어린아이에게 심리적 안정감을 탄탄하게 만들어준다. 복잡한 사람 세상의 갈등과 혼란을 흥미로운 이야기 속에서 간접 경험하면서 상상력과 창의력을 키워가게 된다. 게다가 상상 속에서 전지전능한 존재가 되어 나쁜 사람을 물리치고 남을 도와주는 이야기는 무의식적 자존감을 높여주는 데도 무척 효과적이다.

책을 읽으면서 하나씩 손가락으로 짚어가며 말해주고 노래도 부르고 장난치며 책과 친해지도록 한다. 이 시기 아이는 자신이 좋아하는 것에 대한 의지를 강하게 나타내므로 좋아하는 책을 원하는 만큼 읽어주는 것이 좋다. 다 읽고 나서 책을 제자리에 갖다 두게 하고 그 행동을 칭찬해주거나 책을 다루는 방법을 가르쳐서 사회적 규칙을 지키도록 이끌어주는 것도 필요하다.

아이가 반복해서 읽기를 원하면 반복해서, 새 책을 원하면 새 책을 읽어줘야 한다. 읽는 중간에 이야기를 나누고 싶어 하면 이야기를 나누고, 끝까지 듣기를 원하면 아무 질문도 하지 말고 책을 읽어주면 된다. 다 읽지 않았는데도 책장을 넘기고 싶어 한다면 책장을 넘겨서 아이가 보고 싶어 하는 장면을 읽어주면 된다. 미처 다 끝내지 못했는데도 책을 덮어버리려고 한다면 그래도 좋다. 지금 다 읽지 못하면 다음에 다시 읽으면 된다.

• 5~7세

이 시기의 아이는 비교적 자율적으로 행동한다. 다른 사람의 행동에 반응만 하는 것이 아니라 자신의 의지로 여러 가지 활동을 시작한다. 그렇기 때문에 부모가 아이의 주도적인 활동을 지지하고 도움을 주는 것이 바람직하다. 만약 아이의 행동을 제한

하고 질문을 귀찮아하면 죄의식이 생겨 점차 자기 의견을 표현하지 않게 된다. 아이의 지적 주도성은 부모와 아이의 묻고 답하기 활동을 통해 향상시킬 수 있다. 아이는 끝없이 '누가, 왜, 무엇을, 어떻게, 어디서'라고 질문한다. 부모가 인내심을 갖고 질문에 반응하면 아이의 호기심과 탐색을 격려하는 것이 되며, 반대로 부모의 질문은 아이가 높은 인지 수준의 사고를 하도록 격려하는 것이 된다. 이런 과정을 통해 아이는 지식 추구에 대한 가치를 부여하고 자신의 주도성을 획득해나간다.

이 시기의 아이는 뚜렷한 독서 경향을 나타낸다. 좋아하는 책의 장르가 분명해지고, 반복해서 읽는 것이 좋은지, 새로운 책을 읽는 것이 좋은지, 읽으면서 이야기를 나누는 것이 좋은지, 아니면 끝까지 조용히 읽는 것이 좋은지 등 자신만의 색깔을 찾게 된다. 그러므로 아이의 개성 있는 독서 패턴을 지지하고 격려해주는 것이 좋다. 아이가 선호하는 방법을 지지해주고 그 속에서 자신만의 독특한 방법을 키워나가는 것이 바람직하다. 자연을 좋아하는 아이에게는 자연을 주제로 한 그림책과 지식책을 제공해주고, 아이가 좋아하는 것에 대해 이야기를 나누는 것이 좋다. 생각하며 읽기를 좋아하면 충분히 생각할 시간을 주고, 이야기 나누기를 좋아하면 무엇이든 생각나는 대로 이야기를 나누면 된다. 아이가 원하는 것을 충분히 받아들여 함께하면 그다음엔 아이가 부모의 요구를 아주 쉽게 들어줄 수 있게 된다. 창작 동화를 싫어하던 아이도 한두 권은 기꺼이 보게 될 것이다.

이 시기의 아이들은 서서히 한글을 깨치기 시작한다. 그런데 한글을 깨친다는 것은 곧바로 혼자서 책을 읽을 수 있다는 의미가 아니다. 소리 내어 더듬더듬 읽을 수는 있겠지만, 그 내용이 무엇인지 제대로 이해하기는 어렵다. 한글을 깨치고 나서도 약 1~2년간은 혼자 읽기를 위한 걸음마 시기로 이해해야 한다. 눈으로 읽고 이해하는 능력이 귀로 듣고 이해하는 능력만큼 발달할 때까지 읽어줘야 하는 것이다. 초등학생이 되어 책을 싫어하게 되는 아이들 중 많은 경우가 혼자 읽기를 강요당하면서부터다. 그러니 우리 아이가 책을 좋아하는 아이로 성장하기를 바란다면 초등 저학년까지는 읽어주겠다는 마음가짐이 필요하다. 혼자 읽기는 들을 때와는 달리 훨씬 많은 에너지가 필요하기에 읽어줄 때는 10권씩 읽던 아이가 혼자서는 단 1권도 읽어내지 못하게 되기도 한다. 과도기에 나타나는 증상이니 잔소리로 아이를 주눅 들게 하지 말고 그저 읽어주면 자연스럽게 저절로 해결된다. '지식 독서 ①'에서 언급했던 독자의 권리를 잘 기억하자. 가장 중요한 것은 아이가 주도권을 갖고 책의 주인이 되는 것이다.

Part 3

아이의 발달을 위한 마법의 열쇠
II. 주의력

STEP 01

4~7세 공부에
꼭 필요한 주의력

⦂ 집중력과 주의력은 다르다

다음 상황에서 무엇이 문제인지 한번 생각해보자.

1학년 지수가 20분 정도 먼저 와서 좋아하는 책을 꺼내 보기 시작한다. 엄마가 지수에게 이야기한다.

"책 보고 있다가 시간 되면 선생님하고 재미있게 놀아. 엄마는 볼 일 보고 네가 끝날 때 올게."

"네."

지수의 대답 소리가 밝고 명쾌하다. 분명히 엄마 말을 잘 알아들은 것 같다. 그런데 잠시 후 누군가가 지수에게 "엄마는 어디 가셨니?"라고 물으니 이렇게 대답한다. "몰라요. 어, 화장실 갔나? 어디 갔지?"

왜 이런 현상이 나타나는 것일까? 비슷한 현상을 보이는 아이들이 꽤 있다. 2학년 지호는 친구와 무슨 게임을 하고 놀지 결정하기로 했다. 그런데 두 아이의 의견이 다르다. 지호는 계산 게임인 '로보77'을, 친구는 기억력 게임인 '치킨차차'를 하고 싶다. 서로 좋아하는 게임이 달라 가위바위보로 순서를 정한다. 지호가 이겨서 '로보77'을 먼저 하기로 했다. 시작하기 전에 기억을 상기시키기 위해 "이번 게임 끝나고 무슨 게임을 하기로 했지?"라고 물으니 지호는 "몰라요"라고 대답한다. 이 말을 들은 친구는 화를 내며 "치킨차차 하기로 했잖아!"라고 소리친다. 그제야 지호는 "아, 맞다. 미안해"라며 사과한다. 재빠르게 사과를 해서 문제가 더 커지지는 않았지만, 전혀 나쁜 의도가 없어도 친구 관계에 문제가 생길 수 있는 요소가 된다.

그렇다면 이제 꼼꼼히 짚어보자. 지수와 지호는 정말 기억이 나지 않는다. 왜 이런 문제가 자꾸만 반복되는 것일까? 지수 엄마는 어려서부터 아이가 불러도 대답을 하지 않아 청력에 문제가 있는 건 아닌지 걱정이 되어 검사를 한 적도 있었다. 그 결과 아무런 이상이 없어 아이가 그러는 걸 더더욱 이해할 수가 없었다. 혹시 발달 장애 경향이 있는지 또 걱정스러워 주변의 의견을 구했으나 모두가 하나같이 아이는 아무런 문제가 없다고 했다. 하지만 한번 어딘가에 집중하기 시작하면 아무리 말해도 듣지 못하는 아이를 보며 엄마만 속이 터졌다. 제대로 대답하지 않거나 약속한 걸 자주 잊어버리는 아이를 혼내는 경우가 많다고도 호소한다. 아이가 머리가 나쁜 건 아닌지, 기억력에 심각한 문제가 있는 건 아닌지 걱정하고 있다. 과연 무슨 문제가 있는 것일까? 의외로 이런 현상을 보이는 아이들이 무척 많다. 이런 현상이 나타나는 주원인은 바로 주의력에 있다.

"아이가 주의력이 좀 부족한 것 같아요."

이렇게 말하니 엄마는 고개를 갸웃거린다.

"아니에요. 집중을 정말 잘해요. 부족한 것 같지 않아요. 레고나 퍼즐 놀이를 할 때 1시간 이상을 집중해요. 책을 볼 때도 마찬가지고요. 저희 아이는 절대 산만하지 않아요."
"집중력은 좋을 수 있어요. 그런데 주의력과 집중력은 다르답니다. 아마 유치원에서도 선생님 지시에 따르기가 어려웠을 거예요. 뭔가를 지시해도 하던 것만 계속하는 행동을 보이지 않았나요? 선생님 말씀은 듣지 못하고 하고 싶은 것만 계속하거나, 선생님 말씀을 놓쳐서 딴짓하거나, 혼자 멀뚱하는 현상이 주의력 부족이에요."

"네, 맞아요. 그렇긴 해요. 그래서 늘 선생님한테 지적을 많이 받아요. 저도 그게 이해가 안 돼서……. 그런데 주의력하고 집중력이 뭐가 다른 건가요?"

주의력과 집중력이라는 용어는 일반적으로 큰 차이 없이 사용된다. 그래서 주의 산만 증상이 심각한 아이를 만났을 때 아이의 주의력 부족을 이야기하면 많은 부모가 아이가 분명 집중력은 좋은 것 같다며 의아해한다. 주의력 문제를 해결하려면 먼저 주의력과 집중력의 차이를 구분할 줄 알아야 한다. 지수는 엄마 말대로 자신이 좋아하는 내용에 관해서는 엄청난 집중력을 발휘한다. 그뿐만 아니라 책에서 본 새로운 내용에 대해서는 20~30분을 계속 말할 수 있을 정도로 기억력이 좋다. 그런데 왜 이런 문제가 발생할까?

우리 두뇌는 자신이 흥미 있고 좋아하는 활동에 쉽게 집중한다. 반면에 누군가 지시할 때 제대로 주의를 기울이지 못하고 계속 다른 행동을 하는 경우가 바로 주의력 부족이다. 엄마가 그렇게 여러 번 이름을 부르고 지시 사항을 말해도 주의를 기울이지 못하는 현상, 자기가 좋아하는 활동에만 집중하는 현상, 수업이 시작되었는데도 하던 일을 멈추지 못하는 현상 등이 주의력이 부족해서 생기는 것이다. 일반적으로 주의력과 집중력을 구분 없이 사용하지만, 정작 아이의 행동에서 문제가 되는 건 집중력보다는 주의력인 경우가 훨씬 더 많다. 이어서 주의력과 집중력의 차이에 대해 제대로 알아보자.

: 집중력이 좋은 아이? 주의력은 나쁜 아이?

집중력은 한 가지 정보에 힘을 실어 집중하는 능력을 말한다. 1시간 이상 블록을 조립하고 그림을 그리고 퍼즐을 맞추는 것은 집중력은 좋지만, 주의력 유무와는 별개의 문제다. 반면에 주의력이란 필요한 과제나 싫어도 해야 하는 목표에 초점을 맞추는 일이며, 주변의 자극에 흔들리지 않고 과제 수행에 필요한 것에 정신을 몰두하는 힘이다. 그래서 주의력을 판단하는 가장 핵심 기준은 관심 없는 일에도 집중력을 발휘할 수 있는 정도다. 원하지 않더라도 필요한 것에 집중하는 능력이 주의력이다. 부모님이나 선생님이 "여기를 보세요"라고 했을 때 하던 일을 멈추고 주의를 돌려 지시 사항에 집중하는 능력을 의미한다. 결국, 주의력이란 학습 상황에서 주어진 공부에 집중하게 하는 가장 중요한 요소라고 할 수 있다.

그런데 주의력의 부족은 4~7세 시기에는 크게 두드러져 보이지 않는다. 그냥 호기심 많고 조금 산만한 정도의 활달한 아이로 보인다. 자라면서 점차 나아질 테니 걱정하지 않아도 된다고 말한다. 하지만 이대로 뒀다가는 공부를 시작하는 시점부터 서서히 어려움을 보이고, 초등학교 입학 후에는 두드러진 문제가 발생한다.

주의력이 낮으면 대화하거나 수업할 때 부모님과 선생님 말씀에 귀 기울이는 힘이 부족한 모습으로 나타난다. 의견을 나누거나 토론에서도 주제에 주의를 기울여 듣기가 어렵다. 제대로 듣지를 못하니 맥락에 맞게 대화를 이어가거나 생각을 표현하는 일에 문제가 생길 수밖에 없는 것이다. 그리고 무엇보다 재미없는 과목에 주의를 기울이는 것이 너무 힘겨운 일이라, 결국에는 공부에도 문제가 생긴다. 주의력에 대해 정확히 이해하고 나면 일상에서 수없이 발생하는 소소한 사건들이 아이의 '주의력 부족' 때문이었다는 사실을 알게 될 것이다.

주의력은 크게 시각 주의력과 청각 주의력으로 나뉘고, 그 기능은 대표적인 5가지 유형으로 분류된다. 필요한 자극에 반응하고 관심을 집중하는 초점 주의력, 여러 자극 중에서 한 가지 자극에만 관심을 기울일 수 있는 선택 주의력, 한 가지 자극에 대해서만 관심을 계속해서 기울이는 지속 주의력, 한 가지 과제에서 다른 과제로 주의를 옮기는 전환 주의력, 그리고 동시에 한 가지 이상의 자극에 관해 관심을 분배하는 능력인 분할 주의력이다. 이 중 분할 주의력을 제외한 4가지 주의력은 4~7세 시기부터 꼭 발달시켜야 한다. 주의력의 기능 중 어느 하나도 부족하면 주의 분산, 주의 지속, 주의 전환 문제가 발생할 수 있고, 정보 처리 속도가 느려져 아이의 공부와 공부 정서에까지도 문제가 발생하게 된다.

이제 아이의 주의력이 부족해진 원인, 4가지 주의력의 정확한 개념과 각각이 가진 힘, 그리고 주의력을 키우는 효과적인 방법에 대해 알아보자.

: 주의력이 부족한 선천적 이유

혹시 아이의 주의력이 부족하다고 생각하면 그 이유를 먼저 알아보자. 주의력 부족의 원인은 크게 2가지로 나뉜다. 첫 번째는 선천적 기질이다. 아이가 산만하고 과제에 집중하지 못하면 가장 걱정되는 것이 혹시 우리 아이가 ADHD는 아닐까 하는 문제다. 혹시라도 기질적 문제가 의심된다면 임상적 검사와 진단이 필요하며 더더욱 그 원인과 증상에 대해 이해하는 것이 중요하다. 그래야 효과적으로 도와줄 수 있기 때문이다.

기질적 문제가 있다면 ADHD나 ADD 진단을 받을 수 있다. 진단을 받는다고 해서 아이에게 치명적인 문제가 있는 건 아니다. 부모가 어떻게 도와주느냐에 따라 그 예후는 무척 달라지니, 걱정만 키우기보다는 제대로 아는 것이 더 중요하다. 그런데 ADHD는 잘 알려진 반면, 의외로 ADD에 대해선 아직 잘 모르는 경우가 많다. 둘의 차이를 안다면 아이의 주의력 문제를 보다 효율적으로 해결할 수 있을 것이다.

ADHD(주의력결핍과잉행동장애)

ADHD(Attention Deficit Hyperactivity Disorder)는 주로 주의력 부족, 충동성, 과잉 행동이 주요 증상이며, 주의력과 즉각적 반응 억제에 어려움이 있어 실행 기능의 저하가 특징적인 현상이다. 실행 기능의 저하란 행동에 대해서 실행 지시를 내리는 전두엽의 기능에 이상이 있어 집중력이 부족하거나 부산스러운 행동을 보이며, 이외에도 다음과 같은 다양한 모습들로 나타난다.

- 매사에 급하고 참을성과 인내심이 부족함
- 당장 눈앞에 하고 싶은 일만 해서 중요한 일을 마치지 못함
- 정서적으로 미숙해서 감정과 충동 조절이 어려움

- 자존감과 성취감이 낮으며 비판에 대해 과민하게 반응하고 쉽게 좌절함
- 정리 정돈이 잘 안 되고 제한된 시간 안에 일을 마치지 못함
- 무언가를 시작하려는 동기를 갖기 어려움
- 자신의 행동에 어떤 문제가 있는지 모름
- 하나의 목표만을 위해 다른 일을 끝내지 못함

이렇게 ADHD 증상이 있으면 수업 시간에 앉아 있는 데 어려움을 겪으며, 침착하지 못해 수업 내용을 빠르게 이해하기 어렵고, 규칙을 지키지 못하는 문제가 생긴다. 한마디로 공부에도 문제가 생길 수밖에 없는 조건이다. 그래서 단순히 산만함을 넘어 인지, 정서, 행동 조절과 관련된 전반에서 어려움을 보인다. ADHD 증상이 잘 치료받지 못한 채 장기화되면 낮은 자존감, 틱 장애, 불안 장애, 우울증, 학습 장애, 강박 장애 등의 문제를 유발하게 된다. 그리고 다른 사람들의 이야기에 잘 집중하지 못하며, 생각 없이 말을 내뱉거나 행동해서 또래 관계에도 문제가 발생한다. 이대로 청소년기가 되면 증상이 좀 더 심각해져서 품행 장애 혹은 일탈 문제로까지 이어진다. 성인기가 된다고 해서 저절로 나아지진 않는다. WHO(국제보건기구)는 전 세계적으로 직장인들의 무단 결근이나 업무 효율 저하의 원인 10가지 중 하나로 ADHD를 꼽았다. 성인 ADHD는 학업, 직장, 가정 등 일상

생활 전반에 기능 저하를 초래하며, 치료를 제대로 받지 않는다면 알코올 중독, 미디어 중독에 쉽게 빠지는 증상도 나타난다. 이처럼 ADHD는 병행 질환이 너무 많기에 치료는 빠르면 빠를수록 좋다.

서울대병원 정신건강의학과 김붕년 교수팀은 2016년 9월부터 1년 6개월간 전국 4대 권역의 소아청소년과 부모 4,057명을 역학 조사했다. 13세 미만 초등학생 1,138명에서는 적대적 반항 장애가 가장 많았고(19.8%), ADHD(10.24%)와 특정 공포증(8.42%)이 뒤를 이었다. 적대적 반항 장애 10명 가운데 ADHD 진단을 받은 적이 있는 환자는 4명이었다. 결론적으로 초등학교의 한 반 평균 30명 중 2~3명은 ADHD 증상을 보인다는 의미가 된다. 적지 않은 숫자다. 그러므로 ADHD 증상을 좀 더 자세히 이해하고 도움 주는 방법을 알아야 한다. ADHD 증상에는 과잉 행동, 충동성, 부주의 이렇게 3가지가 있다. 지금까지 설명한 주의력 부족 현상이 ADHD 증상 중 하나인 것이다.

• 과잉 행동

과잉 행동이란 마치 모터가 달린 것처럼 손발을 가만히 두지 못하고 끊임없이 움직이는 증상이다. 밥을 먹을 때도 계속 몸을 움직이거나 돌아다니고, 수업 시간에도 계속 몸을 흔들고 손을 가만두지 못하고 뭔가를 만지거나 두드리며, 다른 사람에게 집적 거리는 행동이 반복된다. 아무리 말해도 잘 고쳐지지 않는다.

• 충동성

충동성이란 잘 기다리지 못하고 갑자기 튀거나 방해되는 행동을 자주 하는 것이다. 다른 사람의 말에 끼어드는 것도 충동적 행동의 하나다. 선생님 말씀이 끝나기도 전에 "저요, 저요"라고 하는 건 활발하고 적극적이라기보다는 충동성의 여지가 있는 건 아닌지 살펴봐야 한다. 이런 모습들이 4~7세 시기에는 잘 드러나지 않다가 학교를 다니기 시작하면서 두드러지게 나타나기도 한다. 따라서 4~7세 때부터 아이의 행동 특징을 섬세하게 관찰하는 일은 매우 중요하다.

• 부주의

부주의는 쉽게 주의를 빼앗기고, 다른 데 정신이 팔리거나, 잘 잊어버리는 증상이다. 지각을 자주 하는 등 시간 맞추는 일을 잘하지 못하며 실수를 자주 한다. 자신의 능력보다 결과물이 크게 미치지 못하는 특징도 있다. 부주의가 두드러지는 경우 주의력결핍장애라고 칭하며 조용한 ADHD라고 부르기도 한다. 부주의는 외적으로 잘 드러나지 않는다는 특징이 있어 더 섬세하게 관찰할 필요가 있다.

ADD(주의력결핍장애)

ADD(Attention Deficit Disorder)는 산만하고 부주의하지만, 과잉 행동도 별로 없고 충동적이지 않은 모습으로 나타난다. 자신의 의지와는 상관없이 집중력이 흩어져 매우 정신없는 상태가 된다. 자기가 보고 듣는 것을 보고 듣지 않으며, 자기가 집중하려 했던 것을 잘 기억하지 못하는 것이다. 이로 인해 필요한 정보를 얻지 못하고, 방향을 잃고, 물건을 잃어버리고, 대화를 따라가기가 어려워진다. 여기서 중요한 것은 일부러 그러는 것이 아니라는 점이다. 신경학적으로 전전두피질의 활동이 만성적으로 저하되어 생기는 통제력 결핍 상태다. 그래서 감각적 정보, 생각, 감정, 충동들로 넘쳐나는 두뇌는 집중할 수가 없고, 마음이 가만히 있지 못하게 되는 상황이다.

ADD는 흥미를 느끼는 분야가 아니면 집중하기 어렵기 때문에 들었던 말을 이해하거나 기억하지 못한다. 그래서 혹시 지능이 나쁜 건 아닌지 걱정하기도 한다. 친구들과 함께 놀거나 단체 생활을 할 때 적절한 반응을 하지 못해 또래 관계 형성에도 어려움을 겪는다. ADD면서 상대방을 배려하는 착한 마음씨를 지닌 어떤 아이는 마치 수업을 열심히 듣는 양 고개를 끄덕이며 집중하는 것처럼 보이기도 한다. 하지만 정작 그 결과물들은 기대 이하다. 당연히 성적도 낮다. 이런 증상들은 부모님이나 선생님에게는 실망스럽게 느껴지고, 아이 자신에게는 좌절감을 주는 요소가 된다.

한편 ADD가 유독 걱정스러운 이유가 있다. ADD인 아이들은 매우 부주의하지만, 교실에서 튀는 행동을 보이지 않기 때문에 빨리 발견되지 않는 경우가 대부분이다. 느리고 집중하지 못하지만 두드러지게 문제 행동을 보이지 않기에 그냥 넘어가는 것이다. 너무 늦게 발견하면 중요한 시기를 놓쳐 아이도 부모도 뒤늦게 치료하며 고생하게 된다. 그러므로 4~7세 시기에 아이의 주의력이 어느 정도인지 잘 살펴보는 건 매우 중요한 과정이다. 다음은 ADD 증상이다.

- 주의 집중을 하지 못함
- 수업 시간에 집중을 못 해 딴짓을 하거나 엎드려 자는 경우가 많음
- 늘 산만함
- 공상에 잠긴 시간이 많음, 이로 인해 아이들의 놀이에 참여하지 못함
- 의사 결정이 수동적임
- 지능에 비해 낮은 성취를 보임
- 다른 사람들이 말을 걸어도 잘 집중하지 못해 답을 바로 하지 못함, 이로 인

해 사회적 관계에서 오해를 사기도 함

: 주의력이 부족해지는 후천적 요인

ADHD, ADD의 발생은 70%가량이 유전적 원인, 30%가량이 환경적 원인과 관련이 있다. 아이의 주의력이 부족해지는 이유 중 우리가 더 관심을 가져야 할 것은 후천적 요인이다. 어떤 원인에 의해 아이의 주의력이 부족해졌다면 그 원인을 알고 도와주면 발전할 가능성이 매우 높기 때문이다. 선천적 기질이 아닌데도 주의력이 부족하고 산만한 주요한 이유는 부모의 양육 태도와 아이가 경험하는 스트레스 사건들이다. 갖고 태어난 건 어쩔 수 없는 부분이겠지만, 이후의 후천적·환경적 요인이 아이의 주의력 부족에 큰 영향을 끼친다는 점을 기억하자. 아이에게 가장 첫 번째로 중요한 환경은 부모다. 부모의 어떤 양육 방식이 아이의 산만함을 키워 주의력 부족의 원인이 되었는지 살펴보자.

첫 번째는 교육적 방임이다. 꼭 지켜야 할 규칙과 질서, 그리고 절제와 만족 지연을 가르치지 못한 것이다. 아이가 원한다는 이유로 아무 때나 여기저기 돌아다니며 먹는 걸 허용하거나, 일정하고 합리적인 규칙을 가르치지 않으면 아이는 산만해질 수밖에 없다. 아이가 떼를 쓰고 뒹굴어서 어쩔 수 없다고 말하는 부모가 많다. 하지만 그렇지 않다. 아이를 너무 사랑하는 마음에 '이 정도는 괜찮겠지' 혹은 '이번 한 번만'이라며 조금씩 허용해주는 방식은 아이가 규칙을 무시하는 큰 원인이 된다.

울어도 밥은 식탁 의자에 앉아서 먹어야 한다는 걸 가르쳐야 한다. 싫어도 정해진 시간에 주어진 과제를 해야 한다. 특히 어릴 때부터 작은 행동에서부터 통제력을 길러야 한다. 방임할 의도는 없었지만, 결과적으로는 방임이라고 볼 수밖에 없는 상황이 너무 많다. 참 안타깝다. 열심히 사랑하며 돌봤는데, 아이가 산만하고, 또 그 원인이 부모의 방임적인 양육 태도에 있다고 하니 억울한 마음도 든다. 하지만 원인을 알아야 앞으로 잘 대처할 수 있다. 혹시 이런 경우에 해당한다면 속상해하기보다는 앞으로 어떻게 하면 좋을지에 마음을 모으는 것이 바람직하다. 적절한 규칙과 질서에 대해 배우지 못한 아이들은 유치원에서도 학교에서도 점점 산만해질 수밖에 없음을 기억하자.

한 엄마가 집중하지 못하고 계속 나대며 친구에게 집적대고 툭 하면 때리는 7살 아이를 보며 왜 그런지 이해가 되지 않는다고 하소연한다.

"다른 아이들은 배우지 않아도 잘하는데 저희 애만 왜 그런 거예요? 이 정도는 당연히 알아야 하는 거 아닌가요?"

엄마는 워킹맘이다. 아이는 어릴 적에 할머니 댁에서 자랐다. 할머니는 엄마와 떨어져 사는 아이가 안타까워 오냐오냐 예뻐하기만 하고 기본적인 예의와 규칙은 전혀 가르치지 않았다. 그렇게 3년이 지난 뒤 엄마 아빠가 데려와 아이를 유치원에 보냈더니 이런저런 돌발 행동으로 지적받고 항의받기 시작한 것이다. 안타깝지만 엄마의 말에는 아이의 발달에 대한 무지가 숨어 있다. 제대로 배워보지 못한 규칙을 아이가 지키지 못한다고 오해하는 것이다. 다른 아이들도 절대 저절로 배운 것이 아니다. 아이들은 날마다 꼭 지켜야 할 기본 행동에 대해 배운다. 자라는 동안 양육자의 행동을 모방하며 배우고, 규칙과 예의에 관해 수백 번 수천 번 들으며 배우는 것이다. 대부분의 아이들이 배우지 않고도 아는 것이 아니라, 잘 배워서 어느새 몸에 습득했다는 사실을 깨닫는 것이 중요하다. 주의력도 마찬가지다. 기질적인 원인이 있다고 해도 잘 가르치고 훈련해서 습관을 키우면 가능하다. 아직 배우지 못한 아이는 이제부터라도 열심히 가르치고 주의를 집중하는 방법을 연습해야 하는 것이다.

두 번째는 첫 번째와 정반대의 경우다. 강요와 통제가 심한 육아가 지속되면 아이는 산만해진다. 자주 혼나고 일거수일투족 잔소리를 들으면 스트레스가 심해지고 불안감이 높아진다. 심리적 불편감은 아이의 주의력과 집중력에 모두 해가 된다.

아이는 맘껏 뛰어놀고 자율성을 발휘해야 한다. 그렇지 못하고 통제와 잔소리가 심해지면 스트레스로 집중하지 못하고 안절부절못하게 된다. 점차 뭘 해도 눈치를 보고 감정 조절이 어려워지면서 충동적 행동으로 나타나게 된다. 혹시 우리 아이가 주의력이 부족해 산만하다고 생각된다면, 앞으로 좀 더 주의력이 좋은 아이로 키우고 싶다면, 아이의 마음을 진정시키고 잘 가르쳐서 주의력을 높여줘야만 한다.

: 4~7세 아이는 어떻게 주의력을 키워야 할까?

6살 하준이는 유치원에서 선생님의 지적을 자주 받는다. 선생님이 하는 말을 제대로 귀 기울여 듣지 않기 때문이다. 급식 시간에는 돌아다니며 밥을 먹고, 수저로 장난치며, 다 먹고 난 후 뒷정리도 하지 않는다. 수업 시간에도 집중하지 못하고 돌아다닌다. 어쩌다 잘 앉아 있었다고 해도 막상 수업 내용을 질문하면 기억하지 못한다. 이런 행동에 대해 수없이 아이에게 설명했지만, 나아지지 않는다. 하준이의 문제를 해결하기 위해 주의력이 부족한지 검사해서 정확히 진단받는 게 맞을까, 아니면 조금씩 아이에게 어울리는 방법을 찾아 연습하고 칭찬하며 발전하도록 도와주는 게 맞을까? 아이에게 문제가 있다는 걸 알게 되면 검사를 해보는 것도 방법이지만, 그보다는 먼저 조금 전문적인 방법으로 시도해서 변화의 과정을 지켜보는 것이 바람직하다. 기질적 문제를 갖고 태어나는 경우가 아니라면 대부분의 아이들은 아주 많이 좋아진다.

병원과 심리 상담 센터에서 진행하는 '주의력 검사'도 있다. 이 검사는 48개월 이하의 어린아이에게는 권하지 않는다. 이제 막 주의력을 키우기 시작한 시점이라 주의력 부족을 진단하거나 평가하는 것이 적합하지 않기 때문이다. 물론 주의력 발달을 위한 방법을 적용해도 별 변화가 없다면 검사가 도움이 되기도 한다. 아이의 주의력이 지금 발달 중이라는 말은, 정신없이 산만하고 정리할 줄 모르고 불러도 대답을 하지 않는 이유가 아직 배우지 못했기 때문이며, 연습이 되지 않아서라는 말과 일맥상통한다. 그러니 섣부르게 아이의 문제 행동을 판단하기보다는 어떻게 가르치고 연습시킬지를 고민하는 것이 바람직하다.

4~7세 아이들은 지금 배우고 있다. 특히 주의력은 4~7세 때부터 배우고 익혀서 최고의 주의력을 가진 아이로 키워야 한다. 한 가지 활동에 집중할 줄 알아야 하고, 다른 자극이 생겨도 한번 시작한 활동은 끝까지 해내는 힘을 키워야 한다. 엄마 아빠가

부르면 잠시 하던 일을 멈추고 대답하거나 지시를 따를 줄 알아야 한다. 다양한 상황에서 꼭 필요한 주의력을 키우지 못한다면 초등학교 입학 후에 심각한 주의력 문제가 생기기 시작할 수도 있다. 아직 어리니까 괜찮다거나 크면 저절로 나아진다는 막연한 기대로 중요한 시기를 그냥 놓쳐버리면 안 된다.

앞에서 주의력과 집중력의 차이, 그리고 아이가 키워가야 할 4가지 주의력의 종류에 대해 언급했다. 이제 아이의 주의력에 대해 제대로 파헤쳐보자. 이어서 각각의 주의력 부족이 어떤 모습으로 나타나는지 살펴보고, 아이의 주의력을 높일 수 있는 보다 전문적인 방법들도 알아보자.

: 부모가 꼭 알아야 할 4가지 주의력

주의력은 중요한 자극에 집중하고 선택하는 능력이라고 이야기했다. 주의력은 중요한 자극으로 아이가 정신 에너지를 집중해서 문제를 해결해가는 인지 과정이다. 아이의 공부력을 키우기 위해 꼭 필요한 전제 조건이 주의력이다. 과제를 수행할 때 효과적으로 집중하기 위한 필수 인지 능력이기도 하다. 미리 겁먹을 필요는 없다. 혹시 아이의 주의력이 부족하다고 해도 적절한 인지 훈련을 함으로써 충분히 향상시킬 수 있기 때문이다.

주의력은 학자에 따라 그 종류를 조금씩 다르게 구분한다. 외부 자극의 종류에 따라 시각 주의력과 청각 주의력으로 나뉘고, 각각 필요한 자극에만 주의를 기울이는 초점 주의력, 방해 자극을 억제하고 한 가지 과제에 집중하는 선택 주의력, 계속해서 한 가지 과제에 집중하는 지속 주의력, 그리고 좋아하는 것에 집중하다가도 필요한 과제로 주의를 돌릴 수 있는 전환 주의력이 대표적이다. 이외에도 동시에 2~3가지 자극과 활동에 주의를 기울일 수 있는 분할 주의력과 문제 해결에 필요한 정보를 기억하는 작업 기억이 있다. 모두 중요하지만, 주의력은 어느 정도 순차적으로 발달하기에 4~7세 시기에는 앞의 4가지 주의력에 대해 제대로 알고 실천하는 것이 효과적이다.

초점 주의력

4살 수빈이는 TV나 게임, 유튜브 동영상에는 집중을 잘하지만, 밥을 먹을 때나 책을 읽어줄 때는 도통 가만히 있지를 못한다. 블록 놀이나 퍼즐 맞추기도 끝까지 해내지 못하고 중간에 내팽개친다. 어떻게 보면 집중을 잘하는 것 같고, 어떻게 보면 아닌 것 같아 헷갈린다.

수빈이는 초점 주의력이 부족하다. 자극적인 영상에 정신없이 빠져드는 것은 두뇌를 사용해서 생각하며 집중한 것이 아니다.

그저 자극적인 영상이 아이의 감정 뇌를 건드려서 빠져든 것뿐이다. 퍼즐 맞추기나 그림 그리기 등 스스로 생각해서 행동으로 실천하는 초점 주의력과는 전혀 다르다. 자칫하면 감각적 자극에 몰두해서 중독 증세를 보일 수도 있다. 엄마 아빠는 하루에 3시간씩 미디어에 노출시킨 것, 자동차를 타거나 외출하면 아이를 조용히 시키려고 손에 스마트폰을 쥐어준 게 이런 결과를 가져오고 있다는 사실에 놀라고 죄책감을 느낀다. 하지만 이런 대화를 나누는 와중에도 아이는 계속 엄마한테 스마트폰을 달라고 매달린다.

초점 주의력은 지금 당장 한 가지 과제에 집중적으로 주의를 기울여 수행하는 능력이다. 시각 이미지와 청각적 정보에 집중해서 이해하고 수행하는 능력이다. 초점 주의력이 부족하면 집중하고 싶어도 그러지 못하고, 즉흥적이고 충동적인 반응을 보이게 된다.

선택 주의력

유치원에서 선생님의 이야기를 듣다가 밖에서 나는 소리에 집중이 흐트러져 일어나는 아이, 하나에 집중하지 못하고 다른 장난을 치는 아이, 미로찾기를 하다가 캐릭터 그림이 보이니까 갑자기 색칠을 시작하는 아이, 퍼즐을 맞추다가 조각을 보니 다른 장면이 떠올라서 전혀 새로운 이야기를 하는 아이… 이런 현상은 선택 주의력이 부족할 때 나타난다.

선택 주의력은 정신을 산만하게 하는 시각과 청각 등 감각적 자극들이 있어도 현재 과제를 수행하는 데 필요한 자극만을 선택해 집중하는 능력이다. 주변의 불필요한 자극은 배제하고 정확하게 필요한 것만 선택해서 집중하는 능력이기도 하다. 들어야 할 땐 청각적 선택 주의력이 필요하고, 눈으로 보고 정보를 얻어야 할 땐, 즉 그림을 보거나 책을 읽을 땐 시각적 선택 주의력이 필요한 것이다. 아이에 따라서는 둘 중 하나의 선택 주의력이 부족한 현상이 두드러지는 경우도 있다.

선택 주의력이 부족하면 과제를 해야 하는데도 불구하고 쉽게 잊어버리고 다른 것에 정신이 팔리게 된다. 그렇기 때문에 아이가 청각이나 시각 과제에 집중하는 능력에 대해 관심을 갖고 살펴봐야 한다. 이런 현상이 몇 달이 지나도 별 차이가 없다면, 섬세한 주의력 훈련이 필요하다는 의미임을 알아차려야 한다.

선택 주의력이 부족한 경우에는 가장 먼저 주변 환경을 정리해주는 것이 매우 중요하다. 하지만 이것만으로는 충분하지 않다. 선택 주의력을 키워주기 위한 훈련을 지속해야 한다. 의외로 훈련 방법은 어렵지 않다. 시각적 선택 주의력이 부족하면 시각적인 정보 처리를 훈련하는 대표 방법인 숨은그림찾기, 다른 그림 찾기, 미로찾기, 빠진 곳 찾기, 단어 찾기, 기호 찾기 등 다양한 놀이가 있다. 청각적 선택 주의력이 부족하면 묻고 답하기, 숫자나 단어 또는 문장 따라 말하기, 노래 부르기 등의 방법이 있다. 뒤에 자세한 설명이 있으니 하루에 한 가지씩 아이와 함께 하기 바란다.

지속 주의력

지속 주의력은 말 그대로 일정 시간 이상 하나의 과제에 집중을 유지하는 힘이며, 한 가지 일을 끝까지 완수할 때 필요한 힘이다. 주의력 부족 중에 가장 흔히 나타나는 것이 바로 지속 주의력이다. 지속 주의력이 부족하면 하나에 진득하니 집중하지 못하고 쉽게 주의가 흐트러진다. 조금만 지루하거나 피곤해도 산만해진다. 시선이 분산되고, 다른 소리에 빠르게 반응하며, 과제는 하다 말다를 반복하고, 다른 것에 정신이 팔려 실수도 잦다. 자주 잊어버리는 현상은 기억력보다는 지속 주의력이 부족한 것이 원인인 경우도 꽤 많다.

4~7세 시기에는 신기하고 재미있는 활동이나 대상에는 쉽게 집중한다. 하지만 이보다 더 중요한 것은 수업이 지루해도, 학습지가 재미없어도, 누군가 옆에서 놀자고 해도 "잠깐만. 이거 다 하고 놀게"라고 말할 수 있는 능력이다. 그러나 안타깝게도 이런

모습이 저절로 나오지는 않는다. 지속 주의력을 키우기 위해서는 흥미 없는 과제를 수행할 때 옆에서 지지해줘 끝까지 해내는 성공 경험이 중요하다. 아이가 집중하는 시간을 체크한 후 노트에 기록해서 변화의 과정을 보여주면 매우 강력한 동기가 된다. 그렇지만 아이는 아직 어리다. 과제 자체를 좀 더 흥미로운 대상으로 여기게끔 만드는 노하우가 필요하다. 한글 쓰기를 해야 한다면, 한글을 만든 세종대왕님이 네가 쓰기 연습을 하는 모습을 보고 흐뭇해하신다는 말을 하면 어떨까. 흥미, 재미, 상상의 힘은 4~7세 아이가 지속 주의력을 발달시키는 데 매우 강력한 도구임을 잘 기억하고 활용하면 좋겠다.

전환 주의력

연우는 좋아하는 것에는 무서운 집중력을 발휘한다. 5살에 한글을 깨쳐 영특함을 보였고, 책을 열심히 읽어준 덕분인지 그때부터 혼자서 책 읽기도 좋아했다. 책을 읽는 모습이 너무 기특하고 예뻐서, 불렀는데 대답을 잘 안 해도, 빨리 외출해야 하는데 책을 읽느라 엄마가 모두 준비시켜 안고 나가야 해도 크게 신경을 쓰지 않았다. 사실 이런 행동이 문제가 될 줄은 전혀 몰랐다. 연우는 밖에서도 곤충이라도 발견하면 그냥 쭈그리고 앉아 구경하기를 좋아했다. 하지만 이 모든 행동은 6살이 되어 유치원에 다니면서부터 문제가 되었다. 선생님의 지시에 전혀 따르지 않고 좋아하는 것만 하려고 하거나, 소풍을 가서 혼자 줄을 따라가지 않다가 사라져버려 모두를 혼비백산하게 만들기도 했다. 그야말로 좋아하는 것에만 꽂혀서 주의 전환이 되지 않는 아이다.

전환 주의력은 한 가지 과제에서 다른 과업으로 넘어갈 때 필요한 능력이자 정신적 유연성이다. 주의 전환이 잘되지 않으면 좋아하는 것에만 과집중하게 되어 다른 것에 관심을 돌리기가 어렵다. 국어를 공부하다 수학으로 바꿔야 하는데, 여전히 국어책의 이야기에 빠져 있다는 의미다. 특히 집중력이 뛰어나다고 판단되던 아이들에게 전환 주의력이 부족한 경우가 무척 많다. 전환 주의력이 부족할 때 생기는 현상을 미리 이해하면 아이의 부족한 부분을 아주 잘 채워줄 수 있을 것이다.

: 아이의 행동과 주의력의 상관관계

아이의 주의력이 부족하다고 말할 때, 대개 한 가지 주의력이 아니라 몇 가지 주의력이 동시에 부족한 경우가 많다. 이때 부모가 아이의 행동에서 어떤 주의력이 부족한지 찾아낼 수 있다면 도와주는 일은 그리 어렵지 않다. 다음의 사례에서 아이의 행동을 분석해보자.

거실에서 5살 현수가 수 세기를 한다. 아빠와 미니 자동차 놀이를 하면서 동시에 따먹기 놀이도 했다. 게임이 끝난 후 몇 대씩 가졌는지 세어보기로 한다. 현수는 1에서 30 정도까지의 숫자는 잘 센다. 옆에선 엄마가 3살 동생을 돌보고 있다. 어느 순간 동생이 칭얼거리기 시작하고, 엄마가 동생을 달래느라 주변이 어수선해졌다. 그러자 현수가 갑자기 자꾸 수 세기를 틀린다.

"하나, 둘, 넷, 다섯, 일곱, 아홉……."

이러던 아이가 아니었다. 그런데 동생이 울고 엄마는 달래느라 어수선한 분위기가 되니 잘하던 걸 잊어버리고 실수한다. 왜 그런 것일까? 현수에게 부족한 주의력은 무엇일까? 주의력을 판단할 때는 먼저 아이의 정서 상황을 살펴야 한다. 엄마가 동생만 돌보는 게 질투 나서 그렇다면 그 마음을 잘 달래주는 것이 우선이다. 그럼에도 불구하고 아이에게 산만해지는 현상이 두드러진다면 한번 살펴보자.

현수는 동생이 울고 엄마가 동생을 달래며 주변이 어수선해지는 분위기에서 그만 주의력이 흐트러진다. 주변의 청각적 자극을 억제하고 자신이 세는 숫자에만 선택적 집중을 해야 하는데 그러질 못하는 것이다. 어쩌면 현수는 청각적 예민함 때문에 쉽게 집중이 흐트러지는 특성을 가졌을 수도 있다. 그렇다면 부모의 역할은 자리를 옮기거나, 조용해지기를 기다리거나, 귀마개를 하는 등 환경을 조정해주는 방법과 주변의 자극에도 불구하고 하던 일에 계속 집중할 수 있는 청각 주의력을 키우는 훈련을 시도하는 것이다.

6살 재현이의 사례도 살펴보자. 재현이가 그림을 그리며 놀고 있다. 엄마가 놀고 있는 재현이에게 말한다. "엄마 재활용품 버리고 올게." 재현이는 분명 "네"라고 대답했다. 그런데 재활용품 수거장에서 재현이 친구 엄마를 만나 이런저런 이야기를 하다 보니 약 10분이 흘렀다. 집으로 돌아가자 남편이 퇴근해서 와 있다. 남편이 화가 난 목소리로 크게 말한다.

"어디 갔다 와!"

"보면 몰라? 재활용 버리고 왔잖아. 왜 오자마자 화를 내?"

엄마 아빠의 높아진 목소리에 재현이는 겁에 질린다. 울먹이다 울음을 터뜨렸다. 이제 무슨 일이 벌어졌는지 살펴보자. 엄마가 나간 사이 퇴근한 아빠가 혼자 놀고 있는 재현이에게 물었다.

"엄마는?"

"몰라요."

"어디 가셨어?"

"모르겠어요."

"언제 나가셨니?"

"한참 됐어요."

아빠는 어떻게 아이를 혼자 두고 한참 동안 나갈 수 있는지 화가 난 것이다. 엄마는 분명히 재현이에게 말했지만, 건성으로 대답했을 뿐이었다. 재현이는 귀로 들은 정보에 초점을 기울이지 못하니 청각 주의력이 부족하고, 그림을 그리는 데 정신이 팔려 엄마의 말에 주의를 기울이지 못했으니 전환 주의력도 부족해 보인다.

7살 현준이도 살펴보자. 그리 어렵지 않은 수학 공부를 한다. 서점에서 파는 유아용 수학 교재로, 선 긋기, 따라 쓰기, 수 세기, 아주 간단한 덧셈과 재미를 위한 스티커 붙이기로 구성되어 있다. 내용이 대부분 그림이라 혼자 할 수 있는 부분이 많다. 엄마는 현준이의 수학 공부를 돕기 위해 옆에서 문제를 읽거나 칭찬하며 격려해준다. 차근차근 도와주니 아이가 꽤 잘 따라오는 것 같아 기특하다. 이 정도면 굳이 엄마가 옆에서 지키지 않아도 잘할 수 있을 것 같아 이렇게 말하고 자리를 떴다.

"엄마 부엌에서 저녁 준비하고 있을게. 여기까지 다 하고 나와."
"네."

엄마는 부엌으로 가서 저녁을 준비했고, 그러다 보니 20~30분 정도가 흘렀다. 현준이가 아직도 공부하고 있을 줄 알고 방으로 갔더니 웬걸 블록 놀이가 한창이다. 공부를 다 했는지 살펴보니 엄마가 나오기 전까지 했던 부분에서 멈춰 있다. 분명히 잘하고 있었는데 어떻게 된 일일까? 사실 엄마가 방에서 나오자마자 현준이는 블록 놀이로 빠져버렸다. 현준이는 엄마가 함께하지 않으면 자신의 과제에 집중해야 하는 초점 주의력과 그걸 계속해야 하는 지속 주의력에 문제가 생긴다. 놀고 싶은 마음을 조절하는 능력이 아직 미숙하기 때문이다.

이렇게 다양한 상황과 사례를 살펴보며 아이가 어떤 주의력이 부족한지 혹은 어떤 부분이 좋은지를 판단하는 것은 이후 도움이 되는 방법을 찾기 위해서도 필요한 과정이다. 하지만 다행히도 이 모든 기능이 분리되어 있지 않고 유기적으로 연결되어 있다. 그래서 한 가지 기능이 향상되기 시작하면 다른 주의력도 함께 상승효과가 나타난다.

: 아이의 정서와 주의력의 상관관계

주의력 부족을 보이는 아이 중에는 진짜 주의력의 문제가 아니라 정서 문제인 경우도 꽤 많다. 초등 2학년 현진이 엄마는 현진이가 집중하지 못하는 모습이 무척 걱정되어 종합 심리 검사를 실시했다. 숙제할 때 시간이 너무 오래 걸리고, 학원에서 시험을 보면 성적이 좋지 않을 뿐만 아니라, 숙제가 많은 날은 배가 아프다 머리가 아프다 온갖 핑계를 대는 것이 아무래도 주의력 문제라고 생각했기 때문이다. 그런데 심리 검사 결과는 전혀 다른 원인을 가리켰다. 지능도 평균보다 높은 수준이었고 주의력도 문제 되는 부분이 없었다. 그럼에도 불구하고 집중하지 못한 이유는 정서적 불안에 있었다. 공부가 어렵다고 느낄 때 아이는 제대로 표현하지 못했다. 어렵다고 말하면 분명 혼난다고 생각했기 때문이었다. 배가 아프고 머리가 아픈 건 진짜인데, 엄마가 믿어 주지 않고 오히려 혼내기까지 해서 아이의 긴장과 불안이 갈수록 더 높아지던 상황이었다.

현진이는 공부는 무조건 싫고, 가장 걱정이 되는 것은 숙제라고 했다. 엄마는 무섭고, 다시 어린아이가 되어 놀고만 싶다고 표현했다. 그동안의 인지 교육으로 지능은 높게 나왔지만, 앞에서 언급한 페리 유치원 프로젝트의 결과처럼 점차 정서적인 문제가 심해져 주의력의 발휘를 막고 있었던 셈이다. 결국, 현진이의 주의력 부족 증상은 어릴 적부터 안정적인 애착을 형성하지 못해 높아진 불안감의 결과였다. 심리 검사는 임상 심리사가 아이의 감정을 공감하고 수용하면서 진행하다 보니 그 과정에서 불안이 진정되어 현진이는 자신의 역량을 충분히 발휘할 수 있었고, 그래서인지 오히려 주의력 문제는 두드러지게 나타나지 않았다.

그러므로 주의력 부족이라 판단이 될 때는 우선 아이의 정서적 문제가 주의력과 과제 수행력에 영향을 끼치는 건 아닌지 점검해봐야 한다. 어린아이일수록 꾀병이 아니라 정말 배가 아프고 머리가 아픈 신체 증상으로 나타날 때가 많다. 공부력은 억지로 많이 시킨다고 해서 키울 수 있는 게 아니다. 4~7세 때부터 어려워도 잘 따라온다고 생각해서 무심해지면 안 된다. 결국엔 누적된 스트레스와 불안감이 사춘기가 되면 모두 터져 나와 전혀 엉뚱한 문제를 일으키게 된다는 사실도 기억하면 좋겠다.

현진이는 주의력 훈련이 아닌 정서 중심의 심리 치료를 진행했다. 재미있게 놀면서 자신의 감정을 있는 그대로 표현하고, 심리 치료사의 충분한 공감과 수용적 태도로 쉽게 마음의 힘을 회복해갔다. 엄마는 뭔가 주의력 훈련을 구체적으로 진행하지 않는 것이 못마땅했지만, 그래도 심리 치료사의 의견을 잘 따라줬다. 약 3개월가량의 치료가 진행된 시점부터 현진이의 정서는 눈에 띄게 안정감을 보였다. 그러면서 저절로 과제에 집중하는 정도가 높아지고, 학교 수업 시간에 집중도 잘하고 발표도 더 자주 하는 모습을 보여 칭찬받기 시작했다. 그제야 엄마는 아이의 주의력을 위해서는 더더욱 정서적 안정이 중요함을 깨닫고 여유롭게 현진이를 도와주기 시작했다.

어린아이들일수록 정서 상태가 주의력에 큰 영향을 끼친다. 아무리 마음이 급해도 아이의 마음을 다치게 하는 일은 마라톤을 뛸 아이에게 발에 맞지 않는 운동화를 신겨준 것과 마찬가지라는 사실을 꼭 기억하면 좋겠다.

⠿ 부모가 꼭 알아야 할 주의력 십계명

공부를 위한 기능적 전제 조건은 주의력이다. 주의력이 부족한 상태에서의 공부는 모래성 쌓기일 뿐이다. 그래서 4~7세 시기에는 한글, 수학, 영어 공부보다 더 중요한 것이 주의력을 높이는 일이다. 주의력 문제는 부모와 아이의 잘못된 상호 작용에서 비롯된다고 했다. 놀이와 공부 상황에서 부모와 아이의 긍정적인 상호 작용이 있어야만 아이의 자아 존중감과 긍정적 자아 개념이 발달하게 되어 주의력에도 영향을 끼친다는 사실을 기억하기 바란다.

아직 주의력이 부족한 아이들은 충동성을 해결하는 것이 중요하다. 불쑥불쑥 다른 것으로 주의를 빼앗기거나 어디로 튈지 모르는 행동을 한다면 특히 더 부모가 그 해결 방법을 알아야 한다. 다음은 부모가 꼭 알아야 할 주의력 십계명이다.

부모가 꼭 알아야 할 주의력 십계명

① 아이가 순간적으로 산만해질 때 지금까지 하던 행동을 인식하게 한다.

"잠깐만, 지금 뭘 하려고 해? 지금까지 뭘 하고 있었지? 하던 일이 다 끝난 거야?"

② 새 놀이를 해야 할 때는 이전의 놀잇감을 즐겁게 치우고 시작하게 한다.

③ 과제는 10~20분 정도 분량으로 나눠 주는 것이 좋다.

④ 놀이와 과제에서 목표치를 완성해 성취감을 느끼게 한다.

⑤ 아이가 좋아하는 과제에서 관심 없는 과제로 조금씩 확장시킨다.

⑥ 쉬운 것에서 점차 어려운 것으로 제시한다.

⑦ 부모가 같이 시작해서 점차 아이가 혼자 힘으로 완성하게 한다.

⑧ 중간중간 지지와 격려로 심리적 보상을 준다.

⑨ 익숙한 것에서 점차 새롭고 낯선 것으로 영역을 넓혀간다.

⑩ 칭찬 등 외적 동기에서 성취감으로 행동하는 내적 동기의 발달로 이어지도록 돕는다.

이제부터 주의력을 키우는 구체적이고 효과적인 방법에 대해 알아보자. 다음에 소개하는 내용은 기질적 문제가 있는 경우에도 도움이 되는 방법이다. 꾸준히 적용하면 좋은 성과를 얻을 수 있다. 아이의 어떤 주의력이 부족한지 가늠해보고 어떤 방법으로 도와주면 좋을지 알아보자.

STEP 03
주의력을 키우는 최고의 방법, 대화법과 놀이

: 부모가 꼭 실천해야 할 4가지 심리적 대화법

주의력 놀이를 시작하기 전에 아이의 정서와 인지 발달을 키우기 위해 꼭 필요한 4가지 심리적 대화법을 먼저 소개한다. 이는 주의력뿐만 아니라 다음 파트에서 다룰 자기 조절력을 키우기 위해서도 꼭 필요하며 매우 효과적인 심리 기법이기도 하다. 여기서 심리 기법이란 결국 치유와 성장을 위한 심리적 대화법을 말한다. 아이의 마음을 안정시키고, 보다 현명하게 생각하게 하고, 더 바람직한 행동을 선택하도록 이끌어주는 힘을 가진 '말하기'다. 그동안 수없이 설명하고 설득해도 행동이 바뀌지 않은, 바로 그 답답한 부분을 해결해주는 쉽고도 간단하며 매우 강력한 힘을 발휘하는 방법이다. 적절할 때 하나씩 활용하기만 해도 아이의 행동이 쉽게 달라지는 걸 경험할 수 있을 것이다.

심리적 대화법 ① 부모가 한 말을 아이가 다시 말하게 하기

엄마는 아침이면 이렇게 말한다. "빨리 밥 먹고 이 닦고 옷 갈아입고 유치원 버스 타야 해. 머리도 빗어야지. 빨리해!" 아이는 엄마의 말을 잘 기억하지 못한다. 지시 사항이 무려 5가지나 된다. 우선 부모도 아이에게 지시 사항을 한두 가지로 짧게, 순차적으로 말하는 방식으로 바꿔야 한다. 그럼에도 불구하고 아이가 유난히 지시를 기억하지 못한다면 기억력이 아니라 주의력 문제라는 걸 깨달아야 한다. 이런 문제를 고치기 위한 올바른 대화법이 필요하다. 그중 하나가 아이가 들을 수 있게 말하고, 부모가 한 말을 아이가 다시 말하게 하는 것이다. 이 방법은 주변 소리에 쉽게 정신이 팔리는 아이의 청각 주의력 향상에도 도움이 되고, 다른 걸 하고 싶은 마음을 조절하고 지금 해야 할 일을 수행하는 데도 큰 도움이 된다. 함께 외출해야 하는 상황에서 아이가 꿈쩍 않고 책만 보고 있다면 여러 번 말해도 소용이 없다. 그럴 때 이렇게 해야 한다. 아이의 눈을 보고, 문장은 짧게, 속도는 천천히, 낮은 소리로 말하는 것이다.

"책 그만 보고 지금 나가야 해."

"응?"

"엄마가 조금 전에 뭐라고 말했어?"

"몰라요."

"다시 한번 말할게. 지금 나가야 해. 엄마가 뭐라고 했어?"

"지금 나가야 한다고."

"그럼 어떻게 해야 하지?"

"아, 옷 입을게요."

이렇게 연습해야 한다. 엄마의 지시를 잘 듣지 못한 건 아이가 일부러 말을 듣지 않거나 말썽을 부리는 게 아니다. 아이는 자신이 뭐가 문제인지 전혀 모른다. 아직 주의력 훈련이 부족했을 뿐이다. 이럴 때 화를 내고 혼내기 시작하면 아이의 성격과 인성에 문제가 생긴다. 엄마는 아이의 뒤통수, 옆통수, 정수리에 대고 말하면 안 된다. 먼저 아이의 눈을 맞추며 천천히 말해야 하고, 가장 중요한 것은 엄마가 한 말을 아이가 다시 직접 입으로 표현하게 하는 것이다. 이 과정을 경험한 엄마는 이렇게 말했다.

"정말 주의력이 부족했네요. 이렇게 말했더니 너무 쉽게 아이가 달라졌어요. 신기해요."

심리적 대화법 ② 멈추고 생각하고 선택하기(Stop Think Choose)

보드게임을 하던 아이가 갑자기 자기 카드를 툭 내려놓더니 장난감 선반으로 달려가 다른 걸 꺼내 든다. 주의력이 부족하고 산만한 아이는 이렇게 행동이 돌변할 때가 있다.

"이거 끝내고 다른 거 해야지. 하던 거 치우고 다른 거 꺼내. 엄마가 안 된다고 했잖아."

이런 말이 제대로 먹혀든 적이 거의 없다면 설명하는 말 대신에 우선 아이를 멈추게 해야 한다. 아이가 뭔가 마음대로 되지 않는다고 소리를 지르거나 물건을 던질 때도 마찬가지다. 바로 "멈춰, STOP!"을 외쳐야 한다. 평소 얼음땡 놀이를 했던 아이라면 "얼음!"을 외쳐도 좋다. 멈추라고 외쳐도 아이가 그렇게 하지 않는다면 좀 더 적극적으로 해보자. 아이에게 가까이 다가가 몸을 부드럽게 안거나 손을 잡고 눈을 보면서 말하는 것이다.

"잠깐, 멈춤! 잠깐 멈추는 거야. 잘했어."

이렇게 대화가 진행되어야 한다. 그래서 멈추는 데 성공했다면 이제 아이가 무슨 생각을 하는지 알아보자.

"지금 왜 갑자기 이걸 꺼냈어?"

"나, 이거 하고 싶어요."

"아, 이게 하고 싶구나. 그럼 하던 놀이는?"

"그만할 거예요."

"아, 혹시 질 것 같아서, 어려워서 하기 싫어졌어?"

"네."

"아! 그래서 그랬구나. 이제 이해가 되었어. 그럼 이렇게 말해줘. 이제 그만하고 다른 거 하고 싶어요."

그러고 나서 이 말을 아이가 직접 자기 입으로 말하게 도와줘야 한다. 연습의 과정이다. 그런데 아이가 질 것 같은 상황에서 포기하는 태도를 고쳐주고 싶다면 다음 단계의 대화가 필요하다. 아이를 멈추게 하고 이렇게 질문해보자.

"그런데 잠깐만 생각해봐. 놀다가 질 것 같을 때 그만할 수도 있고, 끝까지 다시 도전할 수도 있어. 지금은 어떻게 하고 싶어?"

아이가 어느 쪽을 선택해도 좋다. 물론 엄마는 져도 다시 도전한다는 말을 듣고 싶겠지만 그만하겠다고 해도 좋다. 이런 대화를 여러 번 나누게 된다면 얼마 지나지 않아 아이가 도전하겠다고 씩씩하게 말하는 걸 들을 수 있게 된다. 조바심내지 말고 천천히 시작해보자.

'멈추고 생각하고 선택하기' 기법의 핵심은 아이가 충동적으로 산만해질 때 잠시 멈추고, 지금 뭘 하고 있었는지 마음이 어떻게 바뀌었는지 생각하고, 다시 선택하는 과정을 경험하는 데 있다. 그러면서 산만한 마음을 조절하는 힘이 생겨난다. 여러 가지 충동적 생각 중에 가장 바람직한 방법을 선택할 수 있음을 경험하며 성장해갈 수 있다.

심리적 대화법 ③ 생각 크게 말하기(Think Aloud)

집중해서 책을 보던 아이가 밖에서 나는 소리에 방해받아 집중하지 못하면 이렇게 말해보자.

"소리가 방해되지? 이럴 땐 '하던 일에 집중해야지'라고 혼자 말해볼까?"

마음속으로 말해도 되지만 4~7세 시기에는 입으로 직접 말하는 것이 더 효과적이다. 평소 아이에게 혼잣말하는 언어를 가르쳐주고 연습시키면 좋다.

- 집중해야지! 집중! 집중!
- 끝까지 하고 놀자!
- 어려워도 할 수 있어.
- 난 포기 안 해.

이렇게 혼잣말이 습관이 되면 내면의 목소리로 자리 잡게 되고, 서서히 스스로 주의력을 조절할 수 있게 된다. '생각 크게 말하기' 기법은 생각을 말로 표현함으로써 인지 기능 및 기억력을 촉진하는 방법이며, 또한 학습 과제를 수행하기 전에 혼자 크게 말하면서 자기 조절력을 향상시킬 수도 있다. 처음에 이 기법은 공격적인 아동을 위해 개발되었으나, 일반 아동과 장애 아동 모두의 인지 능력 향상에 도움이 되는 것으로 보고되고 있다. 아이가 일상생활이나 학습 상황 혹은 친구와 노는 상황에서 충동적으로 행동하기 전에 자기 대화(Self Talk)를 하거나, 이 기법을 따로 연습하고 체득해 인지 및 사회적 문제 해결 능력을 높일 수 있다. 이 기법이 도움이 되는 경우는 다음과 같다.

- 주의가 산만하거나 충동적 과잉 행동이 나타날 때
- 자기 통제나 자제력이 부족할 때
- 자신이 한 행동의 결과를 예측하지 못할 때

- 효율적 문제 해결 방법에 미숙할 때

- 인지 발달에 어려움이 있을 때

- 친구 관계에 어려움이 있을 때

이 기법을 아이의 공부력 향상에 적용하는 구체적인 방법도 알아보자. 공부를 시작하기 전에 필요한 자료를 미리 준비하는 행동을 가르치고 싶다면 부모가 먼저 준비 과정에서 떠올리는 생각들을 말로 표현해줘야 한다.

"공부에 필요한 도구들이 준비되었는지 확인해봐야지. 무엇이 필요하지?"

"책, 공책, 연필, 지우개. 또 뭐가 필요할까?"

"이제 필요한 게 모두 준비되었을까?"

자연스럽게 소리 내어 자기 생각을 표현하는 방법을 보여주면 아이는 쉽게 따라 할 수 있다. 조금만 마음에 들지 않는다고 연필로 확 그어버리거나 다른 종이를 달라고 요구한다면 이 기법을 활용해보자. 아이가 거부감 없이 말할 수 있도록 공감적이고 유머러스한 분위기로 접근하는 것이 중요하다. 익숙해진 아이는 이렇게 표현할 수 있게 된다.

"엄마(아빠), 난 강아지를 그릴 거야. 어, 이상하게 그렸어. 다시 그리고 싶어요. 새 종이 주세요."

자신의 마음에서 일어나는 생각들을 그때그때 말로 표현하다 보면 흥분하거나 충동적인 행동이 나타나지 않는다. '생각 크게 말하기' 기법을 가르치기 위해서는 먼저 모델을 보여줘야 한다. 부모가 생각하는 것과 행동하는 것을 말로 표현하면서 색칠하면 아이가 그대로 따라 하는 것이다. 바로 이런 과정이 모델 학습이다. 아이는 기법을 자연스럽게 습득하는 동시에 색칠하는 방법도 배우게 된다.

"엄마(아빠)는 해바라기 꽃을 그릴 거야. 가운데는 노란색으로 그리고 테두리는 갈색으로 그릴 거야. 이파리는 주황색도 섞어서 그리면 더 예쁠 것 같아. 어때 생각대로 잘하고 있어?"

퍼즐 맞추기에서도 비슷하게 활용할 수 있다. 생각하는 과정을 말로 표현하도록 해보자.

"우리는 퍼즐을 맞출 거예요. 비슷한 색깔을 모아서 맞출 거예요. 선을 잘 봐야 해요. 모양도 봐야 해요."

부모가 말하고 아이가 따라 말하는 과정을 여러 번 반복하다 보면 어느새 아이가 먼저 말하기 시작한다. 처음엔 모방어로 시작하지만 시간이 흐를수록 자발적으로 표현한다.

"생각한 대로 잘했어요. 왜냐하면 천천히 집중해서 했어요."

그리고 점차 자신의 감정을 표현하는 정도로 발전할 수 있다. 그냥 "속상해요"라고 말하던 수준에서 "엄마랑 약속했는데 내가 안 지켜서 엄마한테 혼났어요. 슬프고 미안했어요. 내가 잘못했어요" 정도가 된다면 충분하다.

이와 같은 훈련이 잘 이뤄지면 아이는 충동적 행동을 하기 전에 멈추고 생각할 수 있게 된다. 학습적인 문제도 보다 주의 깊게 생각하고 해결할 수 있다. 아이와 함께 어떤 기법을 활용할 때마다 시작이 반이라는 사실을 상기하면 좋겠다. 처음 두세 번만 성공하면 점차 발전해서 어느새 자신의 것으로 만들게 된다. 자신의 막연한 느낌과 생각을 구체적 언어로 표현하는 데 익숙해지면 아이 스스로 감정 조절력과 현명한 판단력을 키울 수 있다. 마음속의 느낌과 생각을 계속 말하기 때문에 자신의 생각 과정을 스스로 조절하고 통제하게 된다.

심리적 대화법 ④

부정적인 자아상을 긍정적으로 만드는 말하기

아이가 태어나서 말귀를 알아듣는 두세 살부터 자주 듣는 말은 무엇일까?

"왜 이렇게 산만하니? 잠시도 가만히 있지 못하는구나. 좀 가만히 있어!"

이런 말을 귀에 딱지가 앉도록 듣는다면 아이는 어떤 자아 개념을 갖게 될까? "난 산만해. 가만히 있지 못해. 집중 못 해. 난 원래 그래"라는 부정적인 자아 개념이 생길 것이다. 그렇게 만들어진 자신에 대한 부정적인 신념대로 행동이 나타나게 된다. 자신을 이렇게 규정해버리면 주의를 기울이려는 노력은 전혀 안 하게 되고 스스로 기대도 하지 않게 된다. 그래서 주의력을 높이기 위해서는 자신에 대한 부정적인 자아 개념을 긍정적으로 바꾸는 것이 중요하다.

아이들은 부모가 방임, 강압, 통제하지 않아도 산만해질 수 있다. 외부의 영향 때문이다. 아이에게 중요한 환경인 선생님과 친구 등이 스트레스 요인이 되기도 한다. 친구에게 듣는 부정적인 말은 부모의 말보다 더 치명적일 수 있다. "너 못생겼어. 너 왜 이렇게 못해?" 단 한 번 들었을 뿐인데도 오랫동안 상처로 간직하는 아이들이 많다. 중요한 것은 이런 말이 부정적인 자아 개념으로 자리 잡게 된다는 점이다. 스트레스는 불안과 우울로 발전하게 되고, 매사에 안절부절못하고 주의력과 집중력이 저하되며, 참을성이 부족해져 만족 지연력도 또래보다 현저하게 떨어질 수 있다. 그 결과로 부주의한 증상이 더 심해지는 것이다.

"난 마음먹으면 참을 수 있어. 난 내 손과 발을 가만히 둘 수 있어. 엄마 아빠가 하는 말에 잘 집중할 수 있어"라는 개념이 생겨야 한다. 그러기 위해서는 실제 성공 경험이 필요하다. 성공 경험이 여러 번 누적되면 아이는 긍정적으로 변화해 좀 더 집중도 잘하고 실행도 잘하는 멋진 자신을 기대할 수 있게 되는 것이다. 그런데 긍정적 자아상은 말로만 생겨나지 않는다. 경험과 증거가 필요하다. 아이들이 경험하지 못한 걸 이해하는 건 어렵다. 아무리 좋은 말로 격려해도 별 효과가 없는 이유가 여기에 있다. 증거를 찾아서 지지해줘야 한다. 놀다가도 부모 말에 잠시 주의를 기울이면 바로 그때 칭찬해줘야 한다.

"와! 엄마(아빠) 말에 집중해줘서 고마워. 놀다가도 엄마(아빠) 말에 집중을 잘하는구나."

이런 근거 있는 칭찬의 말이 '난 잘 참아. 잘 들어'라는 긍정적인 자아 개념을 만드는 것이다.

부주의한 아이들은 순간적인 자극에만 반응하고 덜렁거리며 세부적인 것에 충분히 주의를 기울이지 못한다. 자기 물건을 못 챙길 뿐만 아니라 정리 정돈에도 미숙하다. 대화할 때도 떠오르는 대로 말하며 주제를 벗어나는 경우가 많고 집중을 못 하니 과제 완성도 어렵다. 이제 이런 모습에서 벗어나 건강한 자아 개념을 갖도록 도와줄 수 있으면서 동시에 실제로 주의력을 향상시킬 수 있는 놀이를 아이와 함께 즐겨보기 바란다.

: 부모와 아이가 함께하는 주의력 놀이의 힘

주의력을 키우는 효과적인 방법 또한 놀이다. 놀이로 즐겁게 수준 높은 방식의 훈련과 연습을 해나가야 한다. 주의력 놀이는 알고 보면 그리 어렵지 않다. 실제로 집중하지 못하던 아이가 공부 시작 전 10분 정도를 놀고 학습할 경우 집중력이 2~3배 향상되었다는 연구 결과도 있다. 그 성공 경험이 뿌듯함을 안겨주고 자존감과 자기 조절력까지 키워준다. 꾸준히 즐겁게 한다면 분명

놀랄 만한 변화를 얻을 수 있다는 사실을 기억하며 부모와 아이가 함께하는 주의력 놀이를 알아보자.

사람의 뇌가 정보를 받아들이는 방식은 대표적으로 시각과 청각으로 나눌 수 있다. 청각 주의력은 듣고 이해하고 표현하는 의사소통의 중요한 요소라 글자를 모르는 단계인 4~7세 아이들에게는 특히 더 중요하다. 한마디로 다른 사람의 말에 귀를 기울이는 청각 주의력은 공부력 발달 초기의 핵심이라고 할 수 있다. 다음은 청각 주의력이 부족할 때 나타나는 현상들이다.

- 다른 것에 빠지면 이름을 불러도 못 듣는다.
- 상대방 말을 잘 안 듣고 자기 말만 하려고 한다.
- 지시하면 엉뚱한 행동을 한다.
- 들은 말을 자주 잊어버린다.
- "뭐라고 했어요?"라며 자꾸 되묻는다.
- 질문에 동문서답한다.

시각 주의력은 수많은 시각적 자극 중에 필요한 것을 선택적으로 주의 집중해서 정확하게 보고 판단하는 능력을 말한다. 시각 주의력은 공부에 있어 특히 더 중요한 능력이다. 책, 그림, 사물 등을 보고 읽고 이해해야 하는 것이 공부의 과정이기 때문이다. 흔히 "아는 문제를 틀렸어요"라는 경우가 대부분 시각 주의력에 문제가 있다고 볼 수 있다.

시각 주의력은 시각 변별, 공간 관계, 시각 통합, 시각 운동 협응력 등의 세부 기능으로 나뉜다. 시각 변별은 하나의 사물을 다른 것으로부터 구별하는 능력이다. 글자, 숫자, 그림 등을 다른 정보와 구분하는 능력을 말한다. 공간 관계는 사물의 위치와 방향을 지각하는 능력이고, 시각 통합은 완전한 자극이 주어지지 않아도 사물의 전체를 파악하는 능력이며, 시각 운동 협응력은 시지각을 통해 결정된 정보를 실제 행동으로 실행하는 능력이다. 이렇게 세분해서 살펴보면 복잡해 보이지만, 하나하나 구분해서 연습하기보다는 특별히 부족한 한 가지 기능에 집중해도 함께 나아지는 상승효과를 볼 수 있으니 크게 걱정하지 않아도 된다.

시각 주의력이 부족하면 일상에서는 그림 그리기, 색칠하기, 퍼즐 맞추기, 종이접기, 가위질하기, 신발 끈 묶기 등에서 어려움을 보인다. 공부에서는 읽기, 쓰기, 셈하기에서 어려움을 보일 수 있다. 기역과 키읔을 구분하기 어렵고, '아', '어' 모음의 낱자를 잘 변별하지 못하며, 6, 9 혹은 +, - 등을 헷갈리기 쉽다. 그러니 어려서부터 시지각 훈련이 놀이처럼 이뤄지지 않으면 정작 공부해야 할 때 힘겨워지는 것이다. 다음은 시각 주의력이 부족할 때 나타나는 현상들이다.

- 지시문을 잘못 읽고 문제를 틀린다.
- 글자나 숫자를 보고도 다르게 착각한다.
- 찾는 물건이 눈앞에 있어도 찾지 못한다.
- 손가락 2개를 펴고 있어도 몇 개냐고 다시 묻는다.
- 주어진 시간 안에 내용을 읽고 파악하지 못한다.
- 그림과 도표의 정보를 이해하지 못한다.

주의 산만은 자꾸 주의가 흩어지는 것을 의미한다. 하던 일에 집중하지 못하고 자꾸만 다른 것에 정신이 팔린다. 아이가 일부러 그런 것이 아니며, 의지만으로는 달라지기 어렵다는 사실을 기억하자. 이제 청각 주의력과 시각 주의력을 향상시키는 놀이 방법을 제대로 알고 아이와 함께 즐거운 놀이 시간을 만들기 바란다.

단, 한 가지 꼭 기억할 점이 있다. 4~7세 아이의 평균 주의 집중 시간이다. 연구에 의하면 5살은 집중 시간이 7분, 7살은 10분 정도일 뿐이다. 초등 저학년이 15~20분 정도며, 고학년이 30분 정도, 중학생 이상이 되어야 50분 정도를 집중할 수 있다. 이 사실을 모르고 아이가 집중하지 못한다며 걱정하는 경우가 너무 많다. 물론 평균 시간이니 부모가 어떻게 하느냐에 따라 더 길어질 수 있다는 사실 또한 기억하자.

: 듣는 힘을 키우는 청각 주의력 놀이 10가지

청각 주의력 놀이 ① 숫자 따라 말하기와 거꾸로 말하기

4~7세 아이의 수준을 생각해서 처음엔 2자리 수로 시작한다. 3, 5를 부르면 아이도 순서대로 따라 하는 것이다. 그다음엔 거꾸로 말하기 놀이다. 여기서 중요한 건 대화다. 잘하면 잘하는 대로 칭찬하고, 실수하면 즐겁게 웃어넘기며 지지해줘야 한다. 다음은 모든 놀이에서 꼭 활용해야 할 대화니 잘 기억해서 응용하기 바란다. 즐겁고 유쾌한 톤으로 말할 수 있으면 백발백중 성공이다.

"와! 잘하네. 집중을 잘하니까 어려워도 해내는구나! 3자리 숫자에 성공했으니 4자리에 도전해볼까?"
"생각보다 어렵지? 엄마(아빠)도 쉽지 않아. 다시 집중해서 해보자. 와, 역시! 대단해. 어려워도 끝까지 해내는구나!"

부모 3, 5. 순서대로 말해봐.

아이 3, 5.

부모 거꾸로 말해봐.

아이 5, 3.

2자리 수를 잘하면 3자리 수와 4자리 수 등으로 난이도를 올린다. 듣고 집중해야 할 뿐만 아니라 거꾸로 말하기에서는 작업 기억력도 활용해야 하기에 청각 주의력은 물론 인지력의 발달에도 큰 도움이 된다. 실제로 지능 검사의 한 부분이기도 할 만큼 매우 중요하다.

청각 주의력 놀이 ② 낱말 따라 말하기와 거꾸로 말하기

숫자 따라 말하기와 같은 방식이다. 낱말 따라 말하기는 무척 쉽다. 그러니 바로 거꾸로 말하기로 넘어가도 괜찮다.

- 2글자: 딱지→지딱, 사자→자사, 낙타→타낙, 장미→미장…

- 3글자: 뽀로로→로로뽀, 유치원→원치유, 달팽이→이팽달…

- 4글자: 세수하기→기하수세, 양념치킨→킨치념양, 사과파이→이파과사…

이런 방식이다. 틀려도 좋고, 계속 실수해도 된다. 중요한 점은 그 과정을 웃으며 즐겁게 집중하는 것이다.

청각 주의력 놀이 ③ 노래 거꾸로 부르기

앞에서 언급한 2가지 놀이의 확장판이 바로 노래 거꾸로 부르기다. 요즘에는 "끼토산 야끼토 를디어 냐느가" 이렇게 노래를 부를 줄 아는 아이가 거의 없다. 안타까운 일이다. 부모가 어릴 적 동네 친구들과 어울려 했던 놀이가 주의력 발달에 아주 큰 도움이 되었던 셈이다. 부모가 이미 경험했던 놀이의 굉장히 많은 부분이 주의력을 키우는 데 중요한 역할을 담당했었다는 사실을 기억해야 한다.

노래 거꾸로 부르기를 하자. 잘 들어야 제대로 거꾸로 부를 수 있다. 아이도 재미있어한다. 원래대로 노래를 부르고 나서 한마디씩 거꾸로 말하며 다시 노래를 부른다. 이 모든 과정이 주의를 집중해야 하고, 또 실수할 때마다 웃으니 즐겁게 진행할 수 있다. 하다 보면 자기도 모르게 잘하고 싶은 의지가 발동해서 더 열심히 하게 된다. 부모와 아이가 함께 거꾸로 노래를 부르며 즐거운 시간을 갖기 바란다.

- **아기 상어 뚜 루루 뚜루 → 기아 어상 뚜 루루 루뚜**
- **곰 세 마리가 한집에 있어 → 곰 세 가리마 에집한 어있**

청각 주의력 놀이 ④ 시장에 가면

'시장에 가면' 놀이는 기억력 게임으로 많이 알려져 있다. 하지만 앞사람의 노랫말을 집중해 잘 듣고 나서 다시 물건 이름을 하나 더 보태는 방식으로 진행되므로 청각 주의력과 작업 기억력을 훈련하는 데 매우 유용하다.

시장에 가면 사과도 있고

시장에 가면 사과도 있고 순대도 있고

시장에 가면 사과도 있고 순대도 있고 떡볶이도 있고…

응용 놀이로는 '아이 엠 그라운드 과일 이름 대기' 놀이가 있다. 돌아가면서 자기 차례에 앞사람이 말하지 않은 과일 이름을 대는 놀이다. 그리고 '팅팅탱탱 프라이팬' 놀이도 있다. 각자 과일 이름 한 가지를 정하고 "사과 셋"이라고 하면 모두가 "사과 사과 사과"를 외치면서 장단에 맞춰 손뼉까지 쳐야 하는 놀이다. 잘 들어야 하고, 또 장단도 맞춰야 하므로 청각 운동 협응 능력을 매우 효과적으로 향상시킨다. 게다가 다음 사람의 과일도 호명해야 하니, 그야말로 머리를 팡팡 써가며 하는 놀이다.

청각 주의력 놀이 ⑤ 계산기 놀이

부모가 숫자를 불러주면 아이가 들은 대로 계산기에 그 숫자를 누르는 놀이다. 매우 쉬워 보이지만, 청각 주의력이 부족한 아이들은 실수를 많이 한다. 2자리 수, 3자리 수로 난이도를 높이면서 진행한다. 어느 정도 익숙해지면 덧셈으로 확장한다. 아이가 수를 계산하는 것이 아니라 듣기 훈련이므로 덧셈을 몰라도 3자리 정도까지는 수월하게 할 수 있다. 미리 문제와 정답을 기록해두고 아이가 누른 결과가 정답인지 확인하는 놀이를 하면 성공할 때마다 매우 성취감을 느낀다. 실패하면 성공할 때까지 계속하도록 격려해준다.

청각 주의력 놀이 ⑥ 코코코코 눈!

"코코코코 눈!"운율에 맞춰 손가락으로 코를 몇 번 가리키다가 마지막에 눈을 외칠 때 손가락으로 귀나 입 등 얼굴의 다른 부위를 짚는다. 눈으로 보는 것이 아니라 소리에 집중해서 실행하는 놀이다. 눈으로 보는 시자극을 차단하고 소리 듣기에 집중하는 연습을 할 수 있다. 만약 눈으로 보기에 집중하려면 반대로 하면 된다. 소리는 다르게, 눈에 보이는 대로 따라 하기다. 시각 주의력 향상에 크게 도움이 된다. 대부분은 보고 따라 하기가 더 쉽다. 어떤 주의력이 약한지에 따라 아이가 헷갈리는 부분이 다르게 나타날 것이다. 약한 부분일수록 놀이를 반복하면 기능 향상에 큰 도움이 된다.

'코코코코 눈!' 놀이는 손가락으로 숫자를 가리키는 놀이로 응용할 수 있다. 아이 엠 그라운드 방식으로 3박자 손뼉을 친다. 3박자에 손가락으로는 2를 가리키고 입으로는 3을 외친다. 그러면 다음 사람은 들은 내용이 아니라 손가락을 보고 입으로 숫자를 말하면서 동시에 자신의 손가락으로는 또 다른 숫자를 펼쳐야 한다. 꽤 난이도가 높지만, 아주 천천히 여러 번 진행하다 보면 서서히 잘할 수 있게 된다.

청각 주의력 놀이 ⑦ 노래 부르면서 특정 글자에 손뼉 치기

노래를 부르면서 특정 글자가 나오면 손뼉을 치는 놀이다. '곰 세 마리'를 부르면서 '곰'이 나올 때마다 손뼉을 치기로 약속하고 노래를 부른다. 노래를 부르면서 동시에 '곰'이 나올 때마다 손뼉을 쳐야 하니 청각 운동 협응 능력 향상에도 도움이 된다. 조금 익숙해지면 특정 자음으로 응용해도 좋다. 자음 'ㅇ'이 나올 때마다 손뼉을 치는 방식으로 진행하면 된다.

청각 주의력 놀이 ⑧ ( ) 안에 들어갈 말 퀴즈 내기

짧은 이야기를 들려주면서 특정 단어를 ( )로 읽는다. 그러면 아이가 ( ) 안에 들어갈 적절한 말을 찾아내는 놀이다. 글자 수에 맞게 힌트를 주며, 문장과 글의 맥락을 이해하면서 듣기 훈련을 할 수 있다. 예를 들면 '금도끼 은도끼' 이야기를 읽어주다가 '나무꾼이 그만 연못에 ( )를 빠뜨렸어요'라는 문장을 제시하고 ( ) 안에 들어갈 말을 알아맞히는 것이다. 문제를 잘 듣고 생각해야 하므로 청각 주의력 향상에 도움이 될 뿐만 아니라, 이야기의 맥락도 이해해야 하고 앞뒤 문장에 적절한 단어를 생각해야 해서 사고력과 이해력 향상에도 큰 도움이 된다.

청각 주의력 놀이 ⑨ 글자 틀리게 읽기

글자를 아는 아이를 위한 놀이다. 부모가 책을 읽어주다가 글자를 틀리게 읽으면 그 글자를 아이가 짚는 방식이다. 짧은 이솝 이야기 등을 빈 종이에 출력해서 활용하면 색연필로 동그라미를 치면서 더 재미있게 할 수 있다. 그런데 생각보다 글자를 틀리게 읽기가 쉽지 않다. 잘 듣고 틀린 글자를 찾아야 하니 청각 주의력에 도움이 될 뿐만 아니라 틀릴수록 재미있는 놀이라 글자에 대한 스트레스를 줄여주기도 한다. 혹시 글자를 틀리는 것에 스트레스를 받는 아이라면 반대로 아이가 틀리게 읽는 역할을 하게 하자. 안심하고 틀려도 되고 틀릴수록 더 좋다는 느낌이 글자에 대한 부정적인 이미지를 바꿔주는 계기가 된다.

청각 주의력 놀이 ⑩ 청기 백기

전통적으로 청팀, 백팀으로 나누는 습관 때문에 흔히 '청기 백기'라고 부르지만, 당연히 색깔을 다르게 사용해도 된다. 나무젓가락에 색종이를 붙여 2개의 깃발을 만든다. 빨간 색종이로 만들면 빨강기, 파란 색종이로 만들면 파랑기다. 아이가 두 손에 각 각 깃발을 하나씩 들면 부모가 구호를 부르고 아이는 그에 맞춰 동작으로 표현한다.

"빨강기 올려. 파랑기 내려. 파랑기 올려. 빨강기 내려."

아이의 실행 수준에 따라 속도를 조절하면 된다. 아이가 지시 하는 역할로 바꾸면 더 흥미 있어하며, 지시어에 잘 집중하게 되 므로 청각 주의력 향상에 큰 도움이 된다. 그리고 지시하는 역할 을 할 때는 잘 생각해서 지시어를 말해야 하므로 사고력 발달에 도 좋다.

: 보는 힘을 키우는 시각 주의력 놀이 10가지

시각 주의력 놀이 ① 같은 그림 찾기
여러 가지 다른 그림 중 제시된 한 가지와 똑같은 그림을 찾 는 놀이다. 같은 그림 찾기를 메모리 게임으로 활용하면 시각 주 의력뿐만 아니라 기억력 향상에도 도움이 된다.

시각 주의력 놀이 ② 숨은그림찾기

그림 속에 숨어 있는 물체를 찾는 놀이다. 물체의 특징을 잘 이해하게 되고, 비슷한 그림 속에 숨어 있는 그림을 찾는 과정을 통해 시각 주의력과 관찰력을 모두 발달시킨다.

시각 주의력 놀이 ③ 다른 그림 찾기

똑같아 보이는 2장의 그림에서 다른 부분을 찾는 놀이다. 좀 더 세밀한 관찰력이 필요하다. 아이의 인지 능력은 약간의 도전 과제일 때 더 큰 흥미를 느낀다. 적당한 난이도로 인지적 재미를 경험할 수 있게 도와주자.

앞에서 언급한 시각 주의력 놀이 3가지의 자료는 인터넷이나 서점에서 쉽게 구할 수 있다. 과제에 주의를 지속하는 능력, 불필요한 자극에 주의를 분산하지 않고 목표 자극에 주의를 기울이는 능력, 필요한 자극에 선택적으로 주의를 기울여 비교하고 분별하는 능력을 발달시켜준다. 시간제한을 두면 더 흥미를 느끼며 순간 집중력을 발휘하는 데도 도움이 된다. 날마다 5~10분 정도씩 놀이하기만 해도 뛰어난 효과를 얻을 수 있다.

시각 주의력 놀이 ④ 그림에서 빠진 곳 찾기

그림에서 빠진 곳 찾기는 실제로 지능 검사의 소검사이기도 하다. 다양한 사물의 이미지를 보여주고, 그 안에 빠진 부분을 찾는 과제다. 아이의 시각적 변별력을 알아볼 수 있을 뿐만 아니라 세부 사항에 대한 관찰력, 집중력, 추론력, 시각적 조직화 능력의 정도를 알아보는 검사로도 활용된다. 다만, 숨은그림찾기에 비해 활용 자료가 다양하지 않다. 그러므로 약간의 편집 기술을 발휘해 빠진 그림을 출력해서 사용해도 좋다. 예를 들어 케이크에서 1개의 초에는 불이 없는 그림, 가방을 들었는데 한쪽 끈이 없는 그림, 옷의 단추가 없는 그림 등이다. 답을 찾으면 '빠진 곳 그려 넣기 놀이'로 활용해도 좋다.

"어떤 정보를 활용해서 빠진 그림을 알아차렸어?"
"대단하다. 좋은 전략을 찾았네."

이런 대화로 아이가 스스로 좋은 전략을 찾을 수 있다고 격려해주는 것 또한 중요하다.

시각 주의력 놀이 ⑤ 미로 찾기

미로 찾기는 의외로 아이들이 재미있어하는 놀이다. 막힌 곳을 피해 길을 찾으며 성취감을 경험한다. 미로를 찾는 과정에서 추론 능력과 시각 운동 협응력이 발달하며, 계획 능력과 지각 구성 능력 또한 발달한다. 미로 찾기에 익숙해지면 시간을 제한해서 진행하는 것도 좋다.

충동적으로 선을 긋고 낙서를 해버리거나 자꾸 선을 넘어간다면, 잠시 멈추게 하고 전략을 가르쳐줘야 한다. 먼저 눈으로 일정 구간을 길을 찾고, 그 부분까지 연필로 그린 다음, 다시 눈으로 길을 찾고 다시 그리는 방식으로 진행하면 조절력과 주의력 향상에 큰 도움이 된다.

시각 주의력 놀이 ⑥ 퍼즐 맞추기

퍼즐 맞추기는 시각 주의력뿐만 아니라 관찰력과 지속 주의력을 높여주는 매우 좋은 놀이다. 불완전한 것에서 전체를 지각하는 능력과 시각 운동 협응력, 공간 구성력도 키워준다. 퍼즐은 판이 있는 퍼즐(아래 '판 퍼즐')과 판이 없는 퍼즐이 있다. 판 퍼즐의 경우 쉽기는 하지만 퍼즐 조각의 그림을 보지 않고 테두리 모양만 보게 되어 가능하면 판이 없는 퍼즐을 활용하는 것이 더 효과적이다. 판 퍼즐을 구입했다고 해도 판 없이 맞추는 방법으로 활용하기 바란다.

처음에는 아이에게 너무 어려운 수준보다는 10~20분 정도 집중해서 성공할 수 있는 정도의 조각 수로 시작하자. 퍼즐 맞추기 실력은 개인차가 심한 편이다. 별로 놀아보지 못한 아이는 5살이라도 20조각을 어려워할 수 있다. 퍼즐 맞추기에 익숙하고 집중을 잘하는 아이라면 100조각을 완성하기도 한다. 어떤 경우든 자기 수준에서 시작하면 된다. 완성하면 사진을 찍어서 기념하고 다음 퍼즐에 도전하도록 한다. 아이들은 같은 놀이를 여러 번 반복하기를 좋아하니, 이미 맞췄던 퍼즐을 수없이 반복하는 것도 무척 좋은 방법이다.

아이가 그린 그림이나 달력, 잡지 등을 적당한 크기와 수로 잘라 즉석 퍼즐을 만들어 노는 것도 매우 효과적이다. 외출했을 때 놀잇감이 없어 지루해할 때 응용하면 굉장히 유용하다.

시각 주의력 놀이 ⑦ 거울 놀이

두 사람이 마주 보고 한 사람은 거울 보는 사람 역할, 한 사람은 거울 역할을 한다. 거울 역할을 한 사람이 거울 보는 역할을 한 사람의 표정과 행동을 보고 따라 하는 놀이다. 처음엔 팔다리 등 큰 동작으로 시작해서 점차 얼굴 근육의 움직임 등으로 난이도를 높여가는 것이 좋다. 한쪽 눈 감기, 입술 내밀기, 머리카락 만지기, 콧구멍 벌리기, 웃는 표정, 우는 표정 등 재미있는 동작으로 즐겁게 진행한다. 상대방의 변화를 알아차리고 따라서 흉내

내며 즐거운 놀이로 이어간다면 시각 주의력과 사회적 민감성, 그리고 함께하는 놀이를 통한 정서적 만족감까지 얻을 수 있다.

시각 주의력 놀이 ⑧ 색깔 찾기

A4 용지와 색연필을 준비하자. 집 안에 있는 물건 중에서 특정 색깔이 있는 물건 찾기 놀이다. 많이 찾는 사람이 이긴다. 물건을 찾을 때마다 종이에 이름을 쓰거나 그림이나 기호로 그린다. 개수를 세면서 진행하면 더 재미있다. 그동안 무심코 지나쳤던 많은 것들을 살펴볼 수 있고, 주변 환경에 대해 세밀한 관찰을 경험하며 시야를 넓힐 수 있다.

시각 주의력 놀이 ⑨ 없어진 물건 찾기

열쇠, 장난감 자동차, 연필, 자, 지우개, 로션, 양말 한 짝, 손수건, 머리핀 등 10가지 정도의 다양한 물건을 앞에 펼쳐둔다. 잠시 관찰한 후 아이의 눈을 가리고 하나의 물건을 숨긴 다음에 없어진 물건이 무엇인지 알아맞히는 놀이다.

"10가지 물건을 잘 봐봐. 네가 눈을 가리면 이 중 하나가 사라질 거야. 그게 뭔지 알아맞히는 거야. 시계 초바늘이 한 바퀴 도는 동안 잘 관찰해. 시작!"

6~7세라면 기억력 놀이로 변형해도 좋다. 10가지 물건을 보여주고 모두 가린 다음에 어떤 물건이 있었는지 그 이름을 다시 기억하는 놀이다. 처음엔 잘하지 못하지만, 점차 관찰력과 주의력을 발휘하며 기억력도 발달하게 된다.

시각 주의력 놀이 ⑩ 색깔과 모양 분류하기

색깔 블록은 다양한 색과 모양이 있는 놀잇감이다. 아이의 연령대에 따라 처음엔 한 가지 조건으로 분류해보자. 색깔로 분류하기, 모양으로 분류하기의 방식이다. 이 방식이 쉬우면 빨간색 동그라미, 파란색 세모 등 이렇게 2가지 조건을 제시한다. 색종이를 모양별로 오려서 활용해도 효과적이다.

처음에는 놀잇감으로 시작해서 일상의 사물로 확장하도록 한다. 예를 들어 채소 그림을 오려서 색깔별로 구분하거나 뿌리채소, 줄기채소, 잎채소, 열매채소로 구분하는 등 얼마든지 범주를 넓힐 수 있다. 이렇게 발전된 형태의 놀이로 진행하면 시각 주의력뿐만 아니라 사물의 속성에 대한 이해까지도 높일 수 있다.

Part 4

아이의 발달을 위한 마법의 열쇠
III. 자기 조절력

자기 조절력 없이는
공부도 없다

ː 5세부터 7세까지, 2년 사이에 벌어진 일

Q 아이는 학습지 공부가 싫어졌을 때 스스로 마음을 조절하고 다시 집중할 줄
아는가?

Q 부모는 아이가 공부하기 싫어할 때 아이의 마음을 조절해서 다시 집중하게
할 수 있는가?

4~7세 아이는 스스로 마음을 조절해서 공부에 집중하지 못하
는 것이 당연하다. 마음을 조절하는 방법을 아직 배우지 못했으
니 부모가 그 방법을 아이에게 가르쳐야 한다. 과연 부모는 공부

에 싫증 내는 아이가 마음을 조절하고 다시 집중해서 오늘의 과제를 거뜬히 해내게 하는 방법을 알고 있을까?

안타깝게도 거의 대부분이 방법을 알지 못한다. 혹시 안다고 해도 대다수가 조건을 걸고 아이의 마음을 꼬드겨서 시키거나 혼내서 억지로 하게 하는 경우가 더 많다. 이런 상황에서 한글과 수학 등을 가르치는 인지 교육을 시작한다면 공부를 싫어하는 아이가 될 가능성이 너무 크다. 우리 아이가 평생 공부하는 아이, 탐구하고 연구할 줄 아는 아이로 자라길 바란다면 공부를 위한 '마음의 도구'를 준비해줘야 한다.

공부를 시작하는 4, 5살이 7살에는 어떤 모습으로 자라게 될까? 부모의 소신과 육아 방법, 그리고 아이가 자라면서 경험하는 내용에 따라 2~3년 후의 모습이 달라질 거라는 사실은 누구나 알고 있지만, 순간의 욕심과 화 때문에 효과적인 방법을 놓치는 경우가 너무 많다. 5살의 정현이가 자라 7살에 어떤 모습을 보이는지 비교해보면서 육아에서 무엇을 더하고 빼야 할지 고민해보자.

〈5살 정현이〉

· 정서

정현이는 평소 잘 웃고 장난치기를 좋아한다. 어린이집 선생님도 좋아하고 친구들과 노는 것도 좋아한다. 하지만 친구들이 자기 말을 들어주지 않으면 "너 미워"라고 소리치고 화를 낸다. 누군가 "안돼"라고 말하면 울어버리는 경우가 많다. 한번 짜증을 내면 달래는 데 시간이 오래 걸린다.

· 과제와 공부 태도

아이가 피아노를 배우겠다고 해서 피아노 수업을 시작했다. 막상 시작하니 시키는 대로 하지 않고 자기 마음대로 해서 수업 진행이 어렵다. 5세용 창의력 문제집을 풀 때도 쉬운 건 잘하지만 조금 어렵게 느껴지면 안 하겠다고 한다. 숙제로 그림을 그리라고 하면 싫어하지만, 마음대로 그리는 건 좋아한다.

· 엄마 아빠의 교육관

엄마는 신생아 때부터 책을 읽어주며 책을 좋아하는 아이로 키우려 애쓰고 있다. 한글, 수학은 적기 교육이 좋다고 생각해서 6살이 되면 좋은 교재로 시작할 예정이다. 잘 못한다고 해서 무서운 훈육은 절대 반대하고 차근차근 가르치는 것이 중요하다고 생각한다.

아빠는 학교 가면 저절로 하게 될 테니 미리부터 공부를 가르칠 필요가 없다고 생각한다. 아내가 책을 읽어주는 건 좋지만, 자신에게 책을 읽어주라고 요구하는 건 힘들다. 동영상을 제한 없이 보여줘 아내에게 잔소리를 듣는다. 아내의 극성과 다그침으로 아이 성격이 나빠진다고 여긴다.

5살의 정현이는 또래 아이의 특징과 그리 다르지 않다. 평소에는 밝게 잘 놀고 친구도 좋아하는 아이다. 약간 소극적이고 뭔가 마음에 들지 않을 때 잘 울거나 화를 내고 마음을 진정하는 데 시간이 좀 걸리긴 하지만 그렇게 문제가 많다고 보기는 어렵다. 앞으로 부모는 지금까지의 방식으로 육아를 계속할 것이고, 그 영향으로 점점 발전되는 부분도 있고 반대로 부정적으로 변해가는 부분도 있을 것이다. 혹은 잠재되었던 요소가 불거져 점점 새로운 문제 행동이 나타날 수도 있다. 5살에 이 정도의 모습을 보이던 정현이가 7살 때는 어떤 모습인지 세심하게 살펴보자. 그리고 무엇보다도 정서와 인지 발달, 더 나아가 평생 공부력과 학습의 주요한 자산이 되는 배경지식과 암묵지식이 잘 쌓여가고 있는지, 주의력과 자기 조절력은 잘 발달하고 있는지 살펴보자.

〈7살 정현이〉

• **정서**

잘 웃고 밝으며 장난치기를 좋아한다. 예전보다 울음은 줄었지만,
여전히 어려운 상황이 되면 회피하거나 포기하고 엄마에게 징징거
리는 태도가 더 늘어나고 있다. 참관 수업 때 유치원에 가보면 수업
태도가 소극적이고 다른 곳을 보거나 선생님 지시를 제때 수행하지
못한다. 옆 친구가 하는 걸 보고 겨우 따라 한다. 집중력이 부족한
건 아닐까 걱정이 된다.

• **과제와 공부 태도**

선생님이 오셔서 하는 한글과 수학 공부를 시작했으나 선생님과 놀
기만 좋아하고 정작 수업은 싫어한다. 영어는 학원에 다닌다. 쉬운 편
이라 무리 없이 따라가지만, 횟수를 늘리자고 하니 싫다고 한다. 엄마
는 여전히 하루 30분~1시간 정도 책을 읽어주고 있고, 매일 15분 영
어 동화 듣기를 한다. 정해진 시간에 하자고 하면 마지못해서 하는 편
이다. 공부할 때마다 아이가 한숨을 자주 내쉰다. 피아노 수업은 계속
하고 있다. 연습하기 귀찮아하고 가기 싫다는 말을 자주 한다.

• **엄마 아빠의 교육관**

아빠의 훈육 태도가 많이 변했다. 예전엔 엄마가 훈육할 때 못 하게

막더니 요즘은 아이가 징징거리거나 공부하기 싫어하거나 잘못하면 아이에게 갑자기 짜증과 화를 낸다. 쉬운 건데 왜 못하냐고 하거나 아빠의 어릴 적과 비교하며 버럭한다. 아이가 겁을 먹고 더 못하니 그러지 말라고 엄마가 말리면 본인은 화내지 않았다며 더 화내는 상황이 반복된다.

엄마는 공부를 싫어하는 아이의 태도가 나아지지 않아 걱정이 커진다. 주변의 똑똑한 아이들을 보며 조바심이 나고 벌써 뒤처지는 것 같아 불안하다. 더 열심히 교육 정보를 알아보고 있지만, 어떻게 해야 할지 답답하기만 하다.

7살 정현이는 엄마가 책을 읽어준 덕분에 배경지식의 발달은 어느 정도 적절한 수준임을 짐작해볼 수 있다. 하지만 생활 속에서 다양한 경험으로 형성되는 암묵지식의 발달은 눈에 띄지 않고, 아이의 흥미와 연결되지 않은 학습 방법으로 인해 공부가 지루하고 재미없는 숙제가 되어가고 있다. 한글, 수학, 영어 그 무엇에도 아이는 흥미와 의욕을 보이지 않고 공부는 어렵고 힘들다는 부정적인 이미지만 만들고 있다. 주눅 들고 자신감이 부족하며 짜증으로 표현하고 있다. 감정 조절과 자기표현을 잘 배우지 못했다. 이런 상황에서는 결코 아이의 주의력과 공부력이 잘 발달하고 있다고 볼 수가 없다.

⠿ 20년 공부를 위해 4~7세 때 갖춰야 할 준비물

5살에서 7살, 2년 동안 아이가 발달한 모습이 그리 반가운 모습이 아니다. 왜 정서적인 문제가 점점 더 심해지고 있을까? 공부에 대해서 회피와 거부, 짜증의 태도가 심해지고 있다. 배움에 대한 의욕과 호기심이 더 커져야 잘할 수 있을 텐데 그렇지 못하다. 이런 과정을 거친 아이에게 공부는 어떤 의미로 다가가고 있을까?

공부를 좋아하고 재미있어하고 힘든 공부를 잘 견뎌내는 힘은 4~7세 시기에 만들어진다. 그런데 앞에서 만난 정현이는 4~7세 시기의 공부에서 가장 중요한 심리적·정신적 준비물인, 지식, 주의력, 자기 조절력 중에서 배경지식만 조금 준비되었을 뿐, 주의력도 자기 조절력도 연습해보지 않은 상황이다. 이렇게 시작하면 아이에게 공부는 극복과 인내의 대상이 되어, 피하거나 외면하고만 싶을 뿐이다. 앞으로 아이의 인생에서 20여 년간 공부는 계속되어야 한다. 4~7세 시기의 공부 모습이 이렇다면 앞으로 아이가 어떤 모습으로 공부하게 될지 너무 쉽게 예측이 가능하다.

정현이의 20년 공부를 위해 지금부터 키워가야 할 준비물을 다시 한번 떠올려보자. 아이가 한글, 수학, 영어를 공부해서 얻게 되는 지식의 양에 비례해 심리적으로 잃어버리고 있는 것이 무엇인지, 그것이 향후 20년 이상 이어져가야 할 공부에 어떤 치명적인 영향을 주는지는 앞에서 충분히 설명했다. 그럼에도 불구하고 지금 당장 부모의 고정 관념이 너무 강하거나 남들은 다 시키는데 나만 안 시키는 것에 대한 불안한 감정이 조절되지 못한다면, 안타깝게도 아이는 공부에서는 멀어지고 갈등만 심해져 앞으로의 과정이 험난할 수밖에 없다.

부모는 누구나 아이를 공부 잘하는 아이로 키우고 싶어 한다. 공부를 못해도 괜찮다는 말을 하는 부모조차도 마음속 깊은 곳에서는 아이가 자신이 좋아하는 어떤 영역에서는 최고가 되기를 바란다. 공부란 바로 그런 것이다. 그래서 공부보다 공부력을 키운다는 말이 더 적합하다.

4~7세는 아직 어리고 이제 공부를 시작하는 시기다. '공부는 정말 재미있다. 충분히 잘할 수 있다. 공부를 하면 뿌듯하고 기분이 좋다'라는 느낌을 가져야만 공부력을 키울 수 있다. 또한 '힘들어도 잘 참고 하면 더 잘하게 된다'라는 것도 아이가 배워야 할 점이다. 통합적 지식을 바탕으로, 뛰어난 주의력을 기반으로, 자기 조절력을 갖춘다면 공부와 함께하는 아이의 삶은 눈부시게 발전하게 될 것이다. 지금까지 최선을 다해왔듯, 앞으로도 올바

른 방법으로, 아이의 진정한 성장에 도움이 되는 방식으로 키워가면 좋겠다.

: 지금 아이에게 필요한 것, 자기 조절력

자기 조절력이란 목표 달성을 위해 스스로 과제를 설정하고, 외부에서 발생하는 방해 요인을 극복하고, 자신의 정서와 동기를 조절해 행동하는 능력이다. 러시아의 심리학자 레프 비고츠키는 자기 조절력을 아이가 말로 자신의 목표를 표현하고, 그 목표에 주의를 집중하고, 동기를 지속시키는 행동을 계획하고 조직화하는 능력으로 봤다. 한마디로 자기 조절력이란 상황에 따라 감정과 요구를 변화시키며 세상에 적응하는 능력을 의미한다. 어릴 때부터 자기 조절력이 잘 발달한 아이가 청소년 시기까지 지속적으로 공부하며 발전하게 되는 것이다. 자기 조절력이 잘 발달하고 있는 아이는 4~7세 시기에 어떤 모습을 보일까?

한 아이가 그림을 그리고 있다. 그런데 옆에서 한 친구가 같이 공놀이를 하자고 제안하는 상황이다. 아이는 잠시 고민하더니 이렇게 말한다.

"나, 그림 다 그리고 나서 공놀이하고 싶어. 좀 기다려줄래? 딴거

하면서 놀고 있어. 알았지?"

그림에 대한 자신의 동기를 지속하면서 친구한테 기다려주거
나 놀고 있으라는 말로 주변 상황을 조직화하는 것이다. 물론 이
렇게 말로 표현하기 전에 아이는 고민하고 갈등한다. 그림을 그리
겠다는 자신의 목표를 이루고 싶은데 방해 요인이 생긴 것이다.
하지만 그 요인이 싫지 않고 마음이 끌린다. 그렇다고 흔들릴 수
는 없다. 2가지를 다 할 수 있는 방법을 생각한다. 그림도 완성하
고 동시에 친구한테 기다려달라고 요청함으로써 주변 상황까지
조절해내는 능력이다. 이렇게 자기 조절력이 작동하는 과정을 다
시 정리해보면 다음과 같다.

**첫째, 자기 조절은 목표를 설정하고 그 목표를 성취하기 위한 전략을 개발해서
실행하는 역동적인 과정이다.**
**둘째, 자기 조절은 결정적 요소인 감정적 반응을 관리하는 것이며 감정 관리는
생각 관리와 유기적으로 연결되어 있다.**

따라서 자기 조절력이란 감정과 생각을 조절해 행동을 시작하
거나 멈출 수 있고, 사회적 상황에서 몸과 마음을 조절할 수 있
는 능력이다. 자신의 목표를 위해 만족을 지연시킬 수 있으며 다

른 외부적 자극 없이도 스스로 안정된 행동을 생성하는 능력을 말한다. 자기 조절력이 중요한 이유는 궁극적으로 인지 능력을 향상시키는 주요 요인이 되고, 성공적인 학습과 사회화를 예견해 주는 능력으로 평가되고 있기 때문이다.

학자들은 자기 조절력의 구성 요소를 크게 4가지로 나눈다. 인지 조절, 정서 조절, 행동 조절, 동기 조절이다. 자신이 느끼는 감정을 조절하고, 여러 가지 생각 중에서 보다 현명한 생각을 선택하고, 동시에 생각한 것을 좋은 행동으로 실행하고 평가하는 과정까지 모두 포함하는 것이다. 그러니 공부에 대한 부정적 감정을 조절해야 하고, 자신이 어떤 목적을 갖고 공부하는지 스스로 동기에 대해 생각을 정리하고, 보다 효과적으로 공부하는 방법에 관한 생각을 조절해야 한다. 그리고 나서 그 생각들을 바탕 삼아 행동으로 실행하는 능력이다. 정리하고 보니 그야말로 자기 조절력의 발달 없이는 아이의 정서, 인지, 행동 발달이 어려울 수밖에 없다는 사실을 다시 확인하게 된다.

4~7세 아이의 공부를 시작할 때, 어떤 교재로 어떤 방법으로 시작할까를 고민하기보다 더 중요한 것이 아이의 자기 조절력이다. 본격적인 공부를 시작하기 전에 어떻게 아이의 자기 조절력을 키울 것인지 차근차근 알아보자.

STEP 02

자기 조절력이 가진 힘

:: 자기 조절력과 두뇌 발달의 상관관계

뇌에 관한 설명을 할 때마다 걱정되는 부분이 있다. 용어가 어렵고 낯설기 때문이다. 아이의 마음을 좌지우지하고 행동을 결정하는 요인이 뇌의 작용이라는 사실을 어떻게 잘 설명해낼 수 있을지 고민된다. 하지만 아이의 몸에 좋은 영양소 성분의 이름을 외우듯 아이의 뇌에 대해서도 조금씩 관심을 가져보자. 뇌에 관한 지식이 곧 아이의 마음과 정신을 키우는 데 큰 도움이 될 수 있다.

뇌과학자들은 자기 조절력이 발달하려면 생후 36개월이 되기 전까지 안와 전두 피질(OFC, Orbital Frontal Cortex)이 발달해 감각, 감정, 이성 간에 제대로 된 연결 회로가 완성되어야 한다고 강조한다. 안와 전두 피질이 아이의 자기 조절력을 결정한다는 것이다. 안와 전두 피질은 의사 결정의 인지 처리를 관여하는 뇌인 전두엽의 아래쪽, 눈 뒷부분에 위치한다. 이 부분이 손상되면 정서 장애가 나타나 사회적으로 용납될 수 없는 이상 행동을 자주 하며, 정서적으로 불안정하고 성격이 변화하는 등 또 다른 장애도 발생할 확률이 높다.

그렇다면 우리는 아이의 안와 전두 피질이 특히 더 잘 발달하도록 도와줘야 한다. 눈에 보이지 않는 곳이라 소홀히 할 위험이 있으니, 4~7세 때부터 제대로 도와주지 못할 시 어떤 일이 생길지 미리 알아보면 유익하다. 알아보는 일은 그리 어렵지 않다. 이 부분이 잘 발달하지 못한 사춘기 청소년들이 어떤 심리적 문제에 직면하는지 살펴보면 된다. 부모라면 누구나 소중한 우리 아이를 잘 키우기 위해 최선의 노력을 다하지만, 불행하게도 잘못된 방식의 노력이 결국 아이를 망가뜨린다. 청소년기 부모의 고민은 지금 4~7세 부모의 고민과 비교했을 때 그 정도를 가늠할 수 없을 만큼 심각한 경우가 너무 많다. 다음은 사춘기 청소년 부모의 고민이다.

- 11살 아들인데 게임과 유튜브에 빠져 있어요. 시간 통제가 어렵고 자극적인 것만 좋아하고 게임만 합니다. 계속 타이르고 혼을 내도 변화가 없습니다

- 온라인 수업을 하다 다른 유튜브를 자꾸 보느라 수업에 집중하지 못해서 아이와 자주 부딪힙니다. 옆에 있으면 감시한다고 투덜대고 그렇다고 그냥 두자니 계속 더 산만해질 것 같아 걱정입니다.

- 밤늦게 아무도 몰래 일어나서 이불 뒤집어쓰고 게임하는 아이, 어떻게 해야 할까요?

- 중학생의 스마트폰 관리를 어떻게 해야 할지 참 어렵습니다. 관리 앱을 설치해도 아이가 풀어버려요. 점점 몰래 보는 시간이 늘어나 고민입니다.

- 중학생 아이가 게임을 하며 욕을 하고 화를 못 참고 책상을 두드리고 폭발해요. 이름 부르기도 겁이 납니다.

- 학교만 다녀오면 줄곧 핸드폰만 잡고 삽니다. 학원도 다 그만뒀어요. 공부는 거의 포기 상태입니다. 학교도 안 가겠다고 아침마다 짜증을 냅니다. 도대체 어떻게 해야 하나요?

공연히 미리 겁주려는 게 아니다. 눈부시게 성장하고 있어야 할 사춘기에 아이들이 보이는 모습은 정말 안타깝다. 중요한 건 어느 날 갑자기 일어난 현상이 아니라 그동안 아이의 마음에 차곡차곡 쌓여온 심리적·정신적 결과물들이 수면 위로 올라온 것

이라는 점이다. 좀 더 근본적인 이유는 상황에 맞게 자신의 마음을 조절해내는 능력이 건강하게 발달하지 못했기 때문이다. 결국, 자기 조절력이 미성숙해서 충동적으로 그저 감각적·쾌락적 즐거움에 빠져들게 되거나, 혹은 힘겨운 현실을 회피하고 싶은 마음과 노력해봤자 안 될 거라는 아픈 좌절감·절망감으로 의욕과 동기가 모두 사라져버리는 현상을 보이는 것이다.

게다가 두뇌의 자기 조절 중추의 발달이 원활하지 않고 사춘기로 접어들수록 쾌락 중추라 불리는 측화핵의 발달이 급속도로 일어나게 된다. 그래서 더 감각적·충동적 자극에 빠져드는 불상사가 생기는 것이다. 이런 아이를 개인의 노력과 의지의 문제로만 다그친다면 더 큰 불행으로 이어질 뿐이다. 아이가 그럴 수밖에 없는 이유를 알아야 하고, 그 근본적인 이유는 바람직한 자기 조절력이 발달하지 못해서라는 사실을 알아야 한다.

뇌를 모르면 인간을 이해하기 어렵고, 발달 중인 아이에 대한 총체적 이해는 더더욱 어렵다. 대부분이 부실한 결과에 대해 노력 지상주의의 관점으로 해석해 모든 걸 개인의 노력 탓으로 돌려버리는 우리 문화에서는 유독 그렇다. 마치 김치도 없는데 묵은지 김치찌개를 왜 못 끓여내는지 힐난하는 것과 똑같다. '굿모닝'밖에 모르는 아이에게 미국 대학에서 영어로 연설하라고 다그치는 것과 똑같은 것이다.

따라서 자기 조절력은 단순히 심리적 문제에만 국한되지 않는다. 두뇌의 자기 조절 중추인 안와 전두 피질이 함께 발달해야 한다. 다행히 4~7세는 아직 삶의 첫걸음을 걷는 시기다. 지금부터 뇌과학적 지식을 기반으로 자기 조절력을 길러야 한다.

: 자기 조절력을 키우는 방법_ 애착과 신뢰감, 한계와 통제

자기 조절력을 키우는 첫 번째 방법은 애착과 신뢰감이다. 특정 영역의 두뇌 발달을 위해서는 웬지 뭔가 첨단 기술을 사용해야 할 것만 같지만, 의외로 두뇌 발달의 기본은 애착과 신뢰감을 주는 부모와의 상호 작용으로부터 시작된다. 안정된 정서를 바탕으로 부모와 아이가 서로 미소 지으며 눈을 맞추고 즐겁게 상호 작용하는 것이 바로 자기 조절력을 키우는 첫걸음이다. 아이에게 사랑을 주는 정서적 상호 작용이 두뇌 발달에 도움이 된다니 신기하기도 하다.

이유는 간단하다. 감정의 뇌와 이성의 뇌는 밀접하게 연관되어 있으며, 안정적인 정서일 때 외부의 자극으로부터 새로운 정보를 받아들이면서 뇌는 발달하게 된다. 반면에 기본 정서 구조가 불안한 사람은 자기감정을 조절하기 어려워 스트레스를 받게 되고, 스트레스 호르몬으로 인해 충동적 현상이 더 두드러지게 되며, 이성의 뇌보다 감정의 뇌가 더 빠르게 발달해 잘못된 고정 관념과 비합리적 신념을 키우게 된다. 대표적으로 나타나는 현상이 바로 울고 떼쓰면 내 마음대로 할 수 있다는 잘못된 신념의 확장이다. 조절에 성공하지 못하면 점점 더 감정 조절을 못 하게 되고 즉각적이고 충동적인 욕구만 채우려는 현상이 나타난다.

자기 조절력을 키우는 두 번째 방법은 자기 마음대로 하려는 미성숙한 현상이 강렬하게 나타날 때 한계를 설정하고 통제하는 것이다. 아이는 본능적으로 움직인다. 맛있는 것만 먹으려 하고, 재미있는 것만 하려 하고, 조금만 귀찮고 힘든 건 하기 싫다. 이런 아이에게 싫어도 해야 하는 것을 가르치기란 쉽지 않다. 인사하기, 바르게 밥 먹기, 장난감 치우기, 세수하고 양치질하기, 심지어 옷 입기까지도 하나하나 아이는 거부한다. 바로 이런 행동들을 가르치면서 해야 하는 건 꼭 해야 하고, 안 되는 건 단단하게 틈새 없이 제한해야 한다.

행동의 한계를 설정하고 경계를 세워 통제하는 일은 쉽지 않다. 오히려 애착과 신뢰를 쌓는 게 훨씬 수월하게 느껴진다. 마음대로 하지 못한 아이는 천둥 같은 울음으로 자기 뜻을 관철하려고 저항한다. 마음 약한 부모는 그저 울음을 잠재우기 위해 또 한 번 허용하면서 아이에게 휘둘린다. 결국, 아이의 자기 조절력 향상은 또 한 걸음 더 멀어져가는 것이다.

자기 조절력이 잘 발달해야만 공부력이 우수하고, 도덕성의 발달로까지 이어져 사회적 관계에서 공감 능력과 소통 능력이 더 좋아진다는 건 이제 당연한 상식이다. 하지만 한글을 일찍 깨치고, 수학 문제를 척척 풀고, 영어로 술술 말하는 또래 아이만 보면 인지 교육의 유혹에 흔들리게 된다. 게다가 부모의 불안 심리를 자극하는 사교육 마케팅의 현실 앞에서, 우리 아이보다 뛰어난 인지 능력을 보이는 아이에게서 느끼는 질투와 잘못된 경쟁심 때문에 부모는 아이의 정신적 생명줄과도 같은 자기 조절력의 발달을 너무 쉽게 무시해버리는 것이다. 이렇게 본질을 보지 못하고 유혹에 약해지면 안 된다.

지금 당장은 인지적 결과물이 뛰어나지 못하다고 해도 자기 조절력이 잘 발달하는 아이는 한 걸음 한 걸음 발전하는 모습으로 성장하게 된다. 어려운 과제가 앞에 있으면 짜증이 나지만, 어떻게 하면 이 과제를 잘해낼 수 있을지, 어떤 방법이 더 효과적인지 판단하고, 만약 어렵다면 부모님과 선생님에게 요청해서 의논할 수 있게 된다. 바로 이것이 자기 조절력이다. 오늘 하루 부모님과 선생님이 시켜서 억지로 수학 문제집을 5장 풀고, 영어 단어를 10개 외우는 것보다 100배는 더 중요한 능력이다. 물론 자기 조절력이 뛰어나다면 자신에게 적합한 공부량과 방식을 스스로 찾아 그야말로 자기 주도적 학습을 하게 될 거라는 사실은 너무나도 자명하다.

우리 아이가 어떤 모습으로 자라길 바라는가? 눈앞의 성과를 위해 억지 공부를 시킨다면 과연 아이는 몇 살 정도까지 부모의 뜻대로 따라올 수 있을까? 아이가 공부와 담을 쌓는 포기의 날이 그리 멀지 않음을 어쩌면 부모만 모르고 있는 건 아닐까?

⦂ 자기 조절력과 공부의 상관관계

자기 조절력과 공부의 연관성을 알아보자. 지금도 부모는 자신이 배워온 신념대로 그저 선생님 말씀을 잘 듣고 많이 공부하면 공부를 잘하게 된다고 믿는다. 하지만 현실은 절대 그렇지 않다. 자기 조절력이 부족한 아이는 주의력을 발휘하기가 어렵다. 수업 중에 그저 자극적 흥미가 이끄는 대로 관심이 이리 갔다 저리 갔다 하는데 어떻게 공부에 정신을 집중할 수 있겠는가? 그렇다고 집중하라는 말로 집중이 된다면 얼마나 좋으련만 말한다고 된다면 우리가 이렇게 고민할 리가 없지 않은가?

이번엔 아이의 입장에서 생각해보자. 창밖을 내다보니 파란 하늘이 너무 예쁘고 하얀 구름을 쳐다보니 온갖 상상이 떠오른다. 그저 교실을 벗어나 나가서 신나게 놀고 싶은 생각이 마음을 온통 차지한다. 책을 들여다볼수록 짜증만 난다. 그렇다면 이 아이가 공부에 집중하지 못하는 근본적인 이유는 무엇일까? 우선 외부 자극의 유혹을 조절하는 힘이 부족한 것이 문제다. 하지만 보다 근본적인 문제는 바로 그 시간에 공부하는 과목에 대한 흥미가 없고, 잘해낼 수 있다는 공부 자신감과 왜 공부해야 하는지 공부 동기가 부족한 데 있다. 공부 자신감과 공부 동기를 키우고 흥미를 유발하는 것은 거꾸로 지금 현재의 성공 경험에서 시작된다. 그러므로 근본적인 문제를 해결하고 성장하기 위해서라도 지금 현재의 외부 자극을 차단하고 선택 주의력을 발휘해야 한다. 그 주의력을 발휘하는 힘이 바로 자기 조절력에서 나오는 것이다.

4~7세 시기의 공부는 자기 조절력이 아이의 정서적 성장뿐만 아니라 인지적 발달과 현실적 공부력에 얼마나 영향을 미치는지 알고 시작해야 한다. 공부를 거부하는 것이 단순히 아이의 의지와 노력의 문제가 아니라 미처 발달하지 못한 자기 조절력의 문제임을 깨닫고 시작해야 한다. 이제 자기 조절력이 아이의 공부력 발달에 어떤 영향을 주는지, 그리고 어떻게 하면 아이의 자기 조절력이 탄탄하게 발달할 수 있는지 자세히 살펴보자. 성공적인 삶의 주요 조건인 비인지적 능력 중에서도 왜 특히 자기 조절력이 중요한지도 함께 살펴보자.

1980년대 이후 미국 뉴욕시립대 심리학과 교수 배리 짐머만

(Barry Zimmerman)을 중심으로 본격화된 초기 연구에 의하면 자기 조절력이란 충동 억제, 만족 지연, 유혹 저항, 좌절에 인내하는 힘이며, 다양한 사회적 상황에서 적응력 있고 융통성 있는 방법으로 외적 자극에 대응하는 스스로의 행동으로 설명된다. 특히 4~7세 아이의 자기 조절력은 이후 사회성 발달과 학업 성취 등에 큰 영향을 주는 변인으로, 이 시기에 발달시켜야 할 주요 과제다. 만약 자기 조절력에 문제가 생길 경우, 4~7세 아이들은 과잉 행동과 충동적 행동을 보여 원만한 대인 관계 형성에 어려움을 겪을 수 있다. 학자들이 제시하는 발달 시기별 자기 조절력의 정도를 살펴보자.

연령에 따른 자기 조절의 발달 단계(Kopp, C. B. (1982))

연령	자기 조절의 발달 단계
출생~3개월	환경에 대해 반사적으로 적응하는 신경 생리적 조절 단계다. 이 시기는 손 빨기와 같은 기능적 행동에서 좀 더 조직화되고 세부적이며 반사적인 움직임을 통제하면서 자기만족 행동을 함으로써 강한 외부 자극으로부터 미성숙한 자신을 보호하는 방법을 배운다.
3~9개월	환경 속에서 사건과 반응하며 연속적이고 지속적으로 행동을 변화시키는 감각 운동적 자기 조절 단계다. 비 반사적인 운동이 발달하고 환경과 자극에 대한 인식을 지각하지만, 동기화된 상황의 의미나 자기 인식에 대해서는 이해하지 못한다.

9~12개월	상대방의 행동과 자신의 행동을 구분할 수 있는 능력이 생겨나면서 초기 자기 인식과 기초적인 자기 개념의 발달이 가능하다. 자기 조절력을 위해 필요한 자기 평가와 자기 점검의 기본 바탕이 되는 사회적 요구를 학습하기도 한다.
12~24개월	자기 조절력이 발달하기 시작한다. 행동과 자기 존재에 대한 인지를 하게 되며 양육자의 요구를 이해할 수 있다. 자기 조절력은 발달하지만 아직 자기 반성적 능력은 미성숙한 시기다.
24~36개월	회상 능력과 표상적 사고 능력이 발달하며 내면적인 자기 점검이 가능해진다. 자신의 행동에 대한 사회 반응을 내재화하며, 외부 환경의 자극을 자기 평가와 자기 점검의 지침으로 사용하게 된다.
36~60개월	내적 조절이 가능해지면서 내적 언어와 자기 조절이 발달하는 시기다. 자기 통제 단계로서 자기 감시와 행동 통제를 위해 자기 평가와 인식, 표상적 사고와 회상 기억, 상징적 사고를 할 수 있으며 사회 기대에 대한 적절한 행동을 수행할 수 있다.

12개월에서 24개월 즈음이 되면 자기 조절이 가능해지기 시작한다. 4세 즈음부터 전두엽이 급격히 발달하면서 목표 지향 의식과 주의 집중, 그리고 더 큰 보상을 얻기 위한 만족 지연 등의 조절력이 생기고 의도적 통제가 가능해진다. 여기서 중요한 것은 4세부터는 자기 조절력을 충분히 배울 수 있다는 점이다. 그러므로 이때부터 제대로 된 훈련이 꼭 필요하다. 이를 안다면 어리니

까 다 괜찮다는 식으로 아이의 행동을 허용해선 안 된다는 사실을 깨달을 수 있다. 4~7세는 언어 발달이 이뤄지고 사회화에 의한 자기 조절력이 빠르게 발달하는 시기다. 그리고 일상생활에서 목표 지향적 행동이 두드러지게 나타난다. 따라서 자신이 원하는 것을 얻기 위해 충동을 억제하고 상황에 맞게 감정을 조절하는 능력을 키워나가야 한다. 떼쓰는 방식으로 원하는 것을 얻는 데 익숙해지는 일은 없어야 한다. 만약 아이의 떼쓰기에 부모가 휘말린다면 다시 자기 조절력을 키우기 위해 한참을 되돌아와야만 한다.

4~5세가 되면 인지 능력이 급격히 발달한다. 점차 자기중심적 사고에서 벗어나 상대방에 대한 관심이 증가하고, 언어 능력도 향상되어 자기 지시적 언어가 두드러지게 나타난다. 자기 지시적 언어란 자기 내면의 소리를 듣고 언어로 표현해내는 것을 말한다. 자기 지시적 언어가 "난 못해. 엄마가 해줘. 내 맘대로 할 거야"와 같이 부정적이면 자신감이 하락하고 겁을 내거나 충동 조절을 하지 못하고 마음대로 휘두르게 된다. 반면에 자기 지시적 언어가 긍정적이면 "이건 하면 안 돼. 엄마가 나쁜 거라고 했어. 약속은 꼭 지켜야 해. 난 할 수 있어. 내가 할 거야"로 표현되는 것이다. 4세 아이가 과자를 눈앞에 두고 엄마가 올 때까지 먹지 말고 기다리라는 지시를 잘 지켜내려면 스스로 그 약속을 지

켜야 한다는 자기 언어가 있어야 한다. 그래야 마음 조절이 가능하고 그 행동을 성공적으로 수행할 수 있게 되는 것이다.

비록 타당성 문제가 제기되긴 했지만, 종단 연구였던 마시멜로 실험에서 마시멜로를 먹지 않고 참아낸 아이들의 모습을 관찰한 결과는 자기 조절력의 관점에서 보면 큰 의미가 있다. 15분을 잘 참아서 마시멜로를 하나 더 받을 수 있었던 아이들은 이미 자기 조절력이 뛰어났다는 사실이다. 성공한 아이들은 마시멜로를 보지 않으려고 두 눈을 가리거나, 천장을 쳐다보거나, 노래를 부르는 등 스스로 주의를 분산시키는 전략을 사용할 줄 알았고, 새로운 전략을 창조해낼 줄도 았았다. 어떤 아이는 마시멜로를 생쥐라고 생각하며 이야기를 만들기도 했다. 그러니까 마시멜로를 미니 마우스라고 생각하면 먹고 싶은 마음이 사라진다. 4세밖에 되지 않은 아이들이 이렇게 이미 획득한 다양한 심리 기법을 활용해 자기 조절력을 발휘하고 새로운 전략을 만들어냈던 것이다. 이것이 가능한 이유는 당연히 어릴 때부터 꾸준히 자기 조절력의 발달을 자극받고 연습해왔기 때문임을 알 수 있다.

구글의 16번째 직원으로 입사해 갓 1년 된 기업이었던 유튜브를 인수한 뒤 이후 세계 최대의 동영상 플랫폼으로 일궈낸 유튜브 CEO 수잔 보이치키(Susan Wojcicki)가 마시멜로 실험에 참여한 아이들 중 가장 오래 참아낸 아이라는 사실은 결코 우연이라고 볼 수 없다. 그녀의 모든 삶이 성공적일 수는 없겠지만, 남성 위주의 실리콘 밸리에서 엄청난 일을 해내고 있을 뿐만 아니라, 다섯 아이를 키우며 가정도 소홀히 하지 않는 힘은 타고난 능력만은 아닐 것이다. 그녀의 엄마가 기자 출신의 저널 교사이자 교육 운동가이며 세 딸을 모두 훌륭히 키워냈다는 사실이 이를 증명한다.

미국 프린스턴대 신경 과학과 교수 샘 왕(Sam Wang)과 신경 과학자 샌드라 애모트(Sandra Aamodt)의 연구에 따르면 충동 조절 능력이 뛰어난 아이들은 그렇지 않은 아이들보다 비판적 사고 능력이 높으며 문제 해결 능력도 뛰어났다. 그리고 학업 성취에도 자기 조절력이 지능보다 2배나 중요한 것으로 나타났다. 이제 이렇게 중요한 자기 조절력을 키우는 효과적인 방법에 대해 알아보자. 혹시라도 너무 어려울 거라 지레짐작하고 겁먹지 않기를 바란다. 아이의 일상을 챙기면서 하루 10~20분만 투자해도 충분하다. 그 정도만 투자해도 아이의 자기 조절력은 훌륭하게 성장한다.

자기 조절력을 키우는 최고의 방법, 놀이와 심리 기법

: 감정을 건강하게 해소하고 치유하는 자기 조절력 놀이 7가지

거듭 강조하지만, 아이의 심리적·정신적 역량을 발달시키기 위해 부모가 항상 가장 먼저 생각해야 하는 방법은 바로 놀이다. 가장 쉽게 할 수 있으며 정서적 만족감을 얻을 수 있을 뿐만 아니라 자기 조절력도 키울 수 있다. 이미 알고 있는 놀이라고 해도 그 의미를 이해하게 된다면 앞으로는 기꺼이 더 즐겁게 놀아주게 될 것이다.

놀이 방식이 중요한 이유는 명확하다. 아이는 그 무엇보다 놀이만을 온전히 받아들이며 심지어 무한 반복하기를 원하기 때문이다. 놀이를 통해 아이는 구체적 경험을 하고, 또래와 상호 작용하며, 다양한 신체적·인지적 기능들을 습득하고, 자신의 감정과 정서를 느끼고 표현하게 된다. 너무 재미있어서, 더 잘하고 싶어서, 이기고 싶어서, 혹은 목표를 달성하기 위해 자신의 모든 능력을 활용할 뿐만 아니라 에너지를 발산하면서 한 걸음씩 새로운 능력을 배우고 익혀가는 것이다. 아이는 놀이 과정에서 실수, 실패, 좌절 및 반칙과 우기기, 훔치기 등의 심리적 유혹을 경험한다. 이때가 바로 자기 조절력이 필요한 순간이다. 놀이 상황이라는 완벽한 사회적 상호 작용 안에서 놀이 구성원들이 서로서로 자연스럽게 문제를 발견하고 벌칙을 주거나 반성하도록 도와주는 구조를 만들어가는 것이다. 그네 타기 순서를 지키지 않는 아이에게, 보드게임에서 은근슬쩍 반칙하는 아이에게 놀이 구성원들은 엄격하고 냉정하게 제재를 가한다. 신기하게도 부모의 지적에는 반발하는 아이도 또래의 지적은 수용할 뿐만 아니라 제대로 배움을 경험하게 된다.

이와 더불어 놀이의 치료적 힘도 놓치지 않아야 한다. 아이가 직접 표현해내지 못하는 부정적인 감정들을, 놀이를 통해 발산하고 수용받는 경험을 하면서, 자유롭게 놀잇감을 선택하고 혹은 친구와 협상하는 사회적 관계 속에서 건강하게 해소하는 과정을 거친다. 또 지지받고 수용받는 과정과 놀이에서의 성취 경험으로 인해 아이 내면의 자기 치유력이 발휘될 수 있다. 그래서 궁극적으로 자기 조절력 발달에 큰 도움이 된다. 이어서 놀이를 통한 소중한 우리 아이의 자기 조절력을 키우는 방법을 알아보자.

자기 조절력 놀이 ① 그대로 멈춰라, 얼음땡

'그대로 멈춰라'와 '얼음땡'은 그야말로 확실히 자기 조절력을 키워주는 놀이다. 굳이 설명이 더 필요 없을 만큼 하기 쉽고 아이들이 좋아한다. 밖에서 뛰어놀면 너무 좋겠지만, 집 안에서 놀아야 한다면 기어가기, 엉덩이로 움직이기, 살금살금 걷기 등으로 변형해서 해도 좋다. 지시와 규칙에 따라 멈춤과 움직임을 반복하면서 자연스럽게 자기 조절력을 몸에 체득할 수 있다. 혹시라도 규칙을 지키지 못하고 계속 움직인다면 다시 차근차근 설명하고 한 번씩 성공할 때마다 크게 칭찬하며 진행한다. 그래야 연습이 되고, 점점 자기 조절력이 발전하게 된다.

자기 조절력 놀이 ② 지시문 따라 하기

그림책을 보며 등장인물들이 행동하는 문장을 골라보자. 이야기책이라면 쉽게 찾을 수 있다.

깜짝 놀랐습니다, 환하게 웃었습니다, 얼굴을 찡그렸습니다, 몰래 다가갔습

니다, 달려갔습니다, 손을 위로 뻗었습니다, 만세를 불렀습니다, 눈물을 흘렸습니다…

이런 문장을 행동으로 나타내 5초간 지속하기 정도의 규칙을 보태서 한다면 매우 재미있는 놀이가 된다. 지시문을 읽고 그대로 따라서 수행하는 능력을 아주 효과적으로 연습할 수 있다.

자기 조절력 놀이 ③ 똑같이 그리기

인터넷에서 '똑같이 그리기'를 검색하면 많은 자료를 얻을 수 있다. 제시된 그림과 똑같이 그리는 놀이다. 모눈종이처럼 칸이 그려진 종이에 정확하게 칸을 세어 같은 지점에 점을 찍고 그 점을 이어 선을 긋는다. 칸이 그려진 종이에 그림을 출제하는 방법도 효과적이다. 아이가 문제를 직접 그리는 능동적 역할이 인지적 재미를 부추긴다. 아이가 낸 문제를 부모가 따라 그리고, 이것이 맞는지 채점하는 역할로 아이의 자기 조절력을 키워보자. 아마도 부모의 실수를 지적하며 선생님 역할을 하게 된다면, 자신이 학생 역할을 할 때 더 열심히 꼼꼼하게 잘하려는 아이를 마주할 수 있을 것이다. 이렇게 인지적 놀이에 재미를 느끼고 몰입하는 능력을 키워야 한다.

자기 조절력 놀이 ④ 땅따먹기

어릴 적 심심할 때 친구와 놀았던 기억이 날 수도 있다. 요즘은 안타깝게도 전수되지 않아 이 놀이를 모르는 아이들이 더 많다. 연결할 점을 찾고 어떻게 선을 그으면 땅을 더 많이 확보할 수 있을지 추론도 해야 한다. 점을 찍고 선을 그어 삼각형을 만드는 활동으로 소근육을 발달시키고, 때로는 내 것을 만들기 위해 타인을 이롭게 해야 함을 배우기도 하며, 서로에게 좋은 방법을 고민하기도 한다. 천천히 정적인 활동에 몰입하는 경험은 충동적 경향이 있는 아이에게 효과적인 마음 훈련이 되기도 한다. 방법은 다음과 같다.

① 종이에 적당한 간격으로 점을 찍는다.
② ●, ■, ★ 등 자기 표식을 정한다.
③ 두 사람이 차례로 점과 점을 이어 선 하나를 긋는다.
④ 삼각형을 완성하는 사람이 자기 표식을 그려 넣는다.
⑤ 점이 남지 않고 모든 선이 그어지면 끝난다.
⑥ 각자 자기 표식이 몇 개인지 세어본다.

자기 조절력 놀이 ⑤ 꼬치와 카나페 만들기

과일이나 젤리 혹은 클레이를 재료로 활용한다. 일정한 순서를 정해 그 규칙대로 꼬치를 만드는 놀이다. 카나페 만들기도 똑같은 원리를 따른다. 먼저 시범용 꼬치나 카나페를 준비한 다음에 몇 개 만들지를 정한다. '사과→딸기→바나나', '크래커→잼→치즈→햄' 등과 같이 순서를 정하고 나서 그대로 정한 개수만큼 만든다. 중간에 다른 순서로 만들고 싶으면 다시 의논해서 결정한 다음에 차례대로 진행하는 방식이다. 마음대로 끼우고 나서 규칙을 바꾸겠다고 우기면 규칙은 원래 꼭 지켜야 하는 것이라고 알려준다.

> "이번엔 정해진 규칙대로 만들 거야. 다음번에는 미리 규칙을 바꾸고 만들자."

먼저 목표와 규칙을 설정하고, 그에 부합된 행동을 연습하면서 자기 조절력이 발달하는 것이다.

자기 조절력 놀이 ⑥ 둘이 함께 공놀이하기

공을 튕기고 자유자재로 갖고 노는 것은 단순한 공놀이 기술이 아니다. 공을 튕기기 위해 적정한 힘을 가해야 하고, 던지고 받을 때도 마음대로 하면 안 된다. 특히 두 사람이 주고받는 공놀이에서 자기 조절력의 발달이 미숙한 아이는 있는 힘껏 던지려 한다. 이때 상대방이 받을 수 있게 방향과 힘을 조절해서 적절하게 던지는 기술을 가르쳐야 한다. 공놀이를 잘하려면 손과 눈의 협응 능력과 조작 능력이 필요할 뿐만 아니라, 거리와 방향과 힘도 잘 조절해야 하는 것이다. 이처럼 둘이 함께하는 공놀이는 그야말로 엄청난 자기 조절력을 발휘하게 한다. 혼자 공을 튕길 때도, 둘이 같이할 때도 방향과 힘의 조절은 곧 마음의 조절이다. 그래서 공놀이를 함으로써 인지적 자기 조절력이 자극되고 발전된다.

놀이 방법

- 실내에서는 말랑한 공을 준비하자.
- 아이가 어리거나 조절력이 부족하면 바닥으로 공을 굴리기부터 한다.
- 점차 가까운 거리에서 살짝 던져 받기를 한다.
- 익숙해지면 점차 멀리 떨어져 주고받기를 한다.
- 공을 잘 받을 때마다 "공을 잘 보는구나. 정확하게 잘 받았어. 힘 조절을 잘 하네. 공 받을 준비를 잘하고 있네" 등의 말로 지지해준다.
- 풍선으로 대체해도 좋다.

자기 조절력 놀이 ⑦ 감정 놀이

자기 조절력은 결국 감정 조절이다. 자신이 느끼는 감정을 알고 표현할 수 있어야 조절이 가능해진다. 감정 카드, 감정 온도계, 감정 놀이판, 감정 그리기 등의 다양한 놀이로 아이가 평소 자신의 감정을 이해하고 표현하도록 도와주자.

가장 쉽게 구할 수 있는 감정 이모티콘을 출력해서 사용하면 좋다. 또는 문구점에서 감정 스티커를 구입해도 좋다. 표정 그림을 보고 지금 자신의 감정과 가장 비슷한 것을 고른다. "속상해" 라고 표현한다면 이유를 질문하자. 그 이유를 들으면서 "서운했구나. 억울했구나. 슬펐구나" 등의 핵심 감정 단어로 표현해준다. 그러고 나서 포근하게 안아주며 그 마음이 진정될 때까지 기다려주자. "그렇게 화가 났구나. 속상했구나. 슬펐어" 이렇게 말하며 다독여주는 정도면 충분하다. 섣불리 문제를 해결하지 않는 것이 더 도움이 된다.

거실이나 아이 방 벽에 감정 보드판을 만들어 걸어둬도 효과적이다. 4세 정도면 '편안하다, 즐겁다, 심심하다, 화났다, 슬프다' 정도의 감정을 미리 그려두고 지금 어떤 감정인지 손으로 짚어서 표현하게 하는 것도 좋다. 또는 감정 온도계 그림을 그려두거나 자신의 몸으로 직접 감정이 얼마만큼 올라왔는지 표현하게 해도 좋다. 배꼽만큼, 가슴만큼, 목? 아니면 머리끝까지? 이렇게 아이가 느끼는 감정의 정도, 화나거나 속상한 정도를 표현하게 한다. 1~10까지의 숫자를 안다면 숫자로 표현하게 하는 것도 굉장히 좋은 방법이다.

: 자기 조절력을 키우는 5가지 공부 방법

자기 조절력이 잘 발달한다면 이제는 자기 조절력에서 자기 조절 학습으로 발전해야 한다. 자기 조절 학습이란 스스로 공부 목표와 효과적인 학습 전략을 세워 실천한 후에 평가하는 일까지를 포함하는 것이다. 그중에서도 가장 중요한 점은 목표를 달성하기 위해 자신의 감정과 생각, 그리고 행동을 효율적으로 관리하는 과정이라는 것이다.

미국의 심리학자 배리 짐머만은 자기 조절 학습자의 중요한 특징으로 동기가 있고, 메타인지적 능력을 발휘해 공부하며, 행동 전략을 체계적으로 사용할 줄 안다고 했다. 그리고 부정적 피드백이 아니라 자기 지향적 피드백을 사용한다는 점을 강조했다. 이런 모습으로 공부에 능동적으로 참여하는 사람만이 자기 조절 학습 능력이 우수한 것이라 덧붙였다. 이 중에서 메타인지적 관점은 공부에서 매우 중요하다. 마음과 행동 모두에 관해 자기 모니터링과 자기 평가를 하는 과정이기 때문이다. 자신이 무엇을 원하는지, 그래서 어떤 전략을 사용하고 그것이 어떻게 도움이 되는지를 객관적으로 생각하는 것이다. 자신의 마음과 생각에 대해 심사숙고한 뒤, 가장 효율적이고 합리적인 결정을 하도록 이끌게 된다.

공부가 재미있다는 사실을 깨닫게 도와주는 것이 4~7세 공부의 핵심이라고 했다. 하기 싫어도 참고, 어려워도 참고, 힘들어도 참고, 놀고 싶어도 참고, 졸려도 참고서 해야 하는 것이 공부임을 가르쳐서는 절대 안 된다. 이 모든 건 자기 조절력이 발달하면 저절로 얻게 되는 결과물이다. 지금 부모가 공부에 한이 맺혔다면 곰곰이 생각해보자. 혹시라도 의지 부족으로 공부하지 않은 자신을 탓하고 있지는 않은지 말이다. 그러지 않기를 바란다. 차라리 공부가 재미있다는 사실을 가르쳐주지 않은 사회적 분위기를 원망하는 것이 더 바람직하다. 아이에게 꼭 가르쳐야 할 것은 '공부는 재미있다'라는 사실임을 잊지 말아야 한다.

이제부터 아이의 공부에서 자기 조절력을 키워보자. 4~7세 아이들은 놀이와 공부가 하나가 되고, 놀면서 즐겁게 공부하는 눈부신 모습으로 얼마든지 성장할 수 있다. '뛰는 놈 위에 나는 놈 있고, 나는 놈 위에 노는 놈 있다'라는, 그 노는 놈의 모습으로 성장해가야 한다. 공부하고 탐구하고 연구하는 것이 가장 재미있는 놀이가 되는 셈이다. 공부에서 자기 조절력을 키우기 위해 4세부터 부모가 실천할 수 있는 효과적인 방법을 알아보자.

공부 방법 ① 공부 놀이 계획을 세우자

매일 아침, 아이가 주도적으로 자신의 공부 놀이 계획을 말하고 글과 그림으로 표현한다. 그날 하려고 하는 놀이로 계획을 세우는 일이다. 그냥 말로만 하는 것이 아니라 자신의 계획을 글과 그림으로 표현하는 것이 중요하다. 아직 아이가 글을 쓰지 못한다면 부모가 크게 번호를 매겨서 글을 써주고 아이가 그 옆에 그림을 그리는 방식이 좋다. 이런 활동만으로도 아이는 규칙 지키기와 충동을 조절하는 능력을 자연스럽게 습득할 수 있다. 아이가 "난 꽃 그림을 그릴 거예요", "기차놀이를 할 거예요", "인형으로 엄마 놀이를 할 거예요" 등을 말하고, 부모가 이 말을 그대로 받아쓴 다음, 아이가 말한 행동을 실천하는 과정이다. 여기서 주의할 점은 아이의 말을 그대로 받아써야 한다는 것이다. 완성한 후에 날짜와 제목을 쓰고 아이가 직접 사진을 찍어 출력해서 모으면 아이만의 작품 노트가 된다. 이렇게 일련의 과정이 아이의 공부력 발달에 큰 도움을 주는 것이다.

공부 방법 ② 평가 기록으로 계획을 잘 지켰는지 확인하자

스케치북이나 공책에 아이의 계획을 옮겨 적고 그 옆에 빈칸을 만들자. 그러고 나서 자신이 계획한 놀이를 끝내면 완성했다는 표식을 그리게 하자. 한눈에 자신의 수행 정도를 파악할 수 있고, 무엇을 하며 시간을 보내는지, 그리고 다음 날은 뭘 하면 더 재미있을지 미리 계획하면서 생각을 확장해갈 수 있다. 또는 놀이가 끝났을 때 자신이 하려고 한 놀이를 잘 완수했는지 평가하는 모습을 스스로 동영상으로 찍어 다시 함께 보는 방법도 매우 효과적이다.

날짜	계획한 놀이	완성 후 기호로 표시	하고 싶은 말 (받아써주세요)
1	그림 그리기	♥	
2	책 읽기	★	
3	블록 쌓기		
4	퍼즐 맞추기		

공부 방법 ③ 혼잣말하기를 적절히 사용하자

"나는 지금부터 그림을 그릴 거야. 꽃은 노란색으로 칠하고 이 파리는 초록색으로 칠할 거야." 이렇게 혼자 말하는 방법이다. 이 방법은 아이가 자신이 하려고 한 놀이에 주의를 집중하게 도와주며 산만해지지 않고 유지하는 데 큰 효과가 있다. 아이가 스스로 말하기까지 부모가 먼저 모델을 보여주는 것이 좋다. "엄마(아빠)는 ~을 할 거야. 너는?" 이렇게 물어서 아이가 대답했을 때 다시 문장을 완성해서 들려주면 아이는 자연스럽게 혼자 말하는 방법을 배우게 된다. 이때 아이의 기억을 환기시키는 도움 카드를 활용할 수 있다. 그리고 기억을 상기시키는 물건을 미리 정하는 것도 좋다. 예를 들어 기차놀이를 한다면 기차 모양 카드, 말해야 할 때는 입 모양 카드, 잘 들어야 할 때는 귀 모양 카드 등을 즉석에서 그리고 만들어서 사용하면 효과적이다. 놀이하면서 누가 말할 차례인지, 누가 들을 차례인지, 다음엔 무엇을 할 계획인지 알려주는 방법이다. 아이가 잠시 다른 생각으로 빠질 때 부모가 제시해줘도 좋다.

공부 방법 ④ 매일 '공부에서 잘한 일 3가지'를 기록하자

그날 저녁 일과를 마무리하면서 아이가 자신의 공부와 놀이에 대한 긍정적 피드백을 하며 활동과 동기를 더 강화시키는 방법이다. 오늘 잘한 점, 뿌듯하고 자랑스러운 점을 질문하면 된다. 혹시 아이가 찾아내지 못한다면 부모가 보기를 들어주며 아이의 생각을 물어본다. 당연히 아이가 동의하는 것이 가장 중요하다. 그러고 나서 그날의 공부 놀이 일지에 아이의 말을 기록한다. 거듭 강조하지만, 직접적인 인지 교육을 하고 싶은 욕망을 잠시 내려놓기 바란다. 4~7세 시기에는 학습지 형태의 공부로 아이를 지치게 할 필요가 전혀 없다. 그래서는 안 된다. 인지 교육에 도움이 되는 놀이 활동을 제시하고, 아이와 신나게 노는 느낌으로 진행하며, 지금까지 언급한 4가지 공부 방법을 지속하는 것만으로도 아이의 공부력은 또래보다 월등히 우수해질 것이다. 그럼에도 불구하고 인지 교육을 직접 하지 않는 것이 걱정된다면 이 책의 마지막 부분인 'Part 5 4~7세 공부, 지금 시작합니다'를 참고하기 바란다.

공부 방법 ⑤ 공부 보상으로는 색칠하기를 활용하자

상담을 끝낸 아이를 위한 루틴이 있다. 아이가 상담을 끝내고 나오면 항상 그림을 출력해준다. 아이가 좋아하는 캐릭터가 검은 선으로 그려져 있다. 부모가 상담하는 10여 분간의 시간 동안 아이는 기다리면서 색칠을 한다. 처음엔 더 재미있는 놀잇감만 찾던 아이도 한두 번 정도 하고 나면 어느새 루틴이 되어 자신이 원하는 그림을 출력해달라고 요구한다. 한자리에 가만히 앉아서 색칠하면 심리적 안정감을 회복하게 되고 집중력 향상에도 도움이 된다. 이렇게 아이들에게는 뭔가를 열심히 하고 나서 마음을 진정시키는 과정이 필요하다. 그런데 아이들은 아직 어려서 가만히 앉아 진정하기가 어렵다. 이럴 때 이미 그려진 그림에 색칠하는 것이 굉장히 효과적이다.

한때 컬러링북이 한창 유행했다. 컬러링, 즉 색칠하기는 '컬러 테라피(Color Therapy)'에서 나온 심리 치유 방식이다. 색칠하기는 심리적 안정감을 찾게 할 뿐만 아니라, 자유롭게 색을 선택하는 과정을 통해 창의성을 향상시키며, 자신의 힘으로 그림을 완성함으로써 성취감에도 도움이 된다. 특히 만다라 그림은 스위스의 정신 분석학자 칼 융(Carl Jung)이 마음의 분열을 하나로 이어주는 경험으로 스스로 터득해 사용한 기법으로도 알려져 있다. 인터넷에서 다양한 그림들을 다운로드 받을 수 있으니 효과적으로 활용하기 바란다. 참고로 어떤 아이는 만다라 그림 문양을 직접 그리기도 한다. 우리 아이도 그렇게 발전해가면 좋겠다.

: 부모를 위한 7가지 자기 조절력 심리 기법

심리 기법 ① 모든 학습의 시작은 모델 학습이다

아이는 부모의 일상적 모습을 통해 많은 것을 배운다. 만약 아이가 30분 동안 TV를 보기로 했다면 부모도 함께 지켜줘야 한다. 이렇게 말해주자.

"엄마(아빠)도 더 보고 싶지만 이제 그만 보는 거야. 어때, 잘 참지?"

더 먹고 싶지만, 더 자고 싶지만, 더 놀고 싶지만, 더 보고 싶지만 우리는 모두 자기 조절력을 발휘하며 살고 있다. 자동차의 규정 속도를 준수하는 것도, 신호등을 지키는 것도 모두 자기 조절력을 발휘하는 일이다. 바로 이럴 때마다 아이에게 엄마 아빠가 무엇을 조절하고 있는지 말로 설명해주는 것만으로도 충분히 자기 조절력의 모델 학습이 가능하다.

심리 기법 ② 아이 주변의 환경을 정리해준다

아이 눈앞에 게임기를 두고 게임을 참으라고 하는 것은 고문에 가깝다. TV 리모컨, 휴대 전화, 게임기 등 아이의 인내심을 방해할 만한 물건은 눈에 띄지 않게 하는 것이 제일 좋다. 특히 4~7세 시기에 미디어 노출은 가능하면 최소로 해야 한다. 인지적 과제에 몰입해서 즐거움을 느낄 줄 알아야 공부 과제에도 집중을 잘하게 된다. 그러므로 아이에게 충동적 관심을 불러일으키는 주변 자극들을 정리해 인지적 과제에 쉽게 집중할 수 있는 환경을 만들어주는 것이 중요하다.

심리 기법 ③ 상상력과 주의 전환 기법을 활용한다

전철역, 마트 등에서 줄을 서거나 기다리기 힘든 아이에게는 미리 말하자.

"기다리면 조금 힘들 수 있어. 그럴 땐 기다리는 동안 줄타기하고 있다고 상상해볼까?"

미리 상황을 알려주고 대안을 함께 생각해보고 제안하는 것
만으로도 아이는 짜증 내지 않고 잘 기다릴 뿐만 아니라 다양
한 상황에서 자기 조절력까지 향상된다. 공부에서도 마찬가지다.
수학을 벌써 싫어하게 된 아이에게 숫자를 크게 소리 내어 세게
되면 숫자 나라 요정들이 행복해진다고 말해주니 아이가 신나게
숫자를 세기도 한다. 특히 4~7세 시기에는 상상력을 자극할수록
훨씬 더 큰 자기 조절력을 발휘할 수 있다.

심리 기법 ④ 꼭 지켜야 하는 규칙은 반복 설명한다

아이에게 무작정 "안 돼", "이렇게 해"라고 말하기보다는 이해
하기 쉽게 설명해주는 것이 중요하다. 규칙을 구조화해서 알려주
는 것도 한 방법이다. "공공장소에서는 뛰어다니거나 소리를 지
르면 안 돼. 다른 사람들에게 피해를 주는 일이야. 천천히 걷고
조용히 말하는 거야." 충분한 반복 연습을 통해 아이는 규칙을
내재화할 수 있다.

공부에서도 마찬가지다. 숙제하기 싫다는 아이에게는 "하기 싫
구나"보다는 "그래, 싫은 마음이 들 수 있어. 그래도 꼭 해야 하
는 거야. 마음을 잘 조절하고 난 다음에 시작하자"라는 말이 더

필요하다. 밥 먹고 쉬고 잠자는 것과 마찬가지로 사람은 누구나 공부를 하며 살아야 한다. 힘들 수는 있지만 좋은 사람으로 의미 있게 살기 위해서는 공부가 꼭 필요하다는 사실도 담담히 설명해줘야 한다.

심리 기법 ⑤ 비교하는 대신에 발전 과정을 알려준다

아이를 친구나 형제자매와 비교하면 안 된다. 차라리 아이 자신의 지난 모습과 현재 모습을 비교하는 것이 바람직하다. 어제, 일주일 전, 한 달 전 아이의 모습과 비교해서 오늘도 계속 발전하고 있음을 알려줘야 한다.

"와! 전보다 훨씬 잘하는구나. 점점 더 실력이 좋아지는구나."

자신이 점점 더 잘한다는 사실은 무척 뿌듯한 느낌을 준다. 발전하고 있다는 확신은 다음 행동의 강력한 동기가 되므로 부족한 점은 접어두고 성장하고 있는 점을 찾아 지지해주는 것이 바람직하다. 이 기법은 자꾸 다른 아이와 비교하며 초조해지는 부모 자신의 마음을 조절하는 데도 굉장히 효과적이다. 우리 아이가 이렇게 잘 자라고 있는데 다른 아이가 왜 부럽겠는가.

심리 기법 ⑥ 결과보다는 과정, 능력보다는 노력을 칭찬한다

장난감 의자 쌓기 놀이를 하는데 쌓다가 자꾸 무너져 속상해하는 아이에게 뭐라고 말해주면 포기하지 않고 다시 도전할 수 있을까? 막연히 "괜찮아. 잘했어"는 도움이 되지 않는다. 전보다 더 높이 쌓았음을, 다양한 방법으로 쌓고 있음을, 쌓다가 망가졌는데도 계속 도전하려는 태도에 대해 지지해줘야 한다. 그래야 충동적인 짜증과 포기하고 싶은 마음을 조절할 수 있게 된다.

심리 기법 ⑦ 참는 것과 조절하는 것은 다르다

"소리 지르지 마. 울지 마. 짜증 내지 마"라고 아무리 말해도 아이는 진정되지 않는다. 부모가 무섭게 말하면 울음을 삼키고 참을 때도 있다. 하지만 안타깝게도 이런 방식으로 혼내면 아이에게 부작용이 생긴다. 자기보다 만만한, 어리고 약한 대상에게 화풀이하게 되는 것이다. 참는 건 조절하는 것이 아니다.

속상할 땐 차라리 충분히 울라고 말해주고 다독여주자. 그래야 마음을 진정하게 된다. 자신의 감정을 안전하게 표현하는 방법을 배워야 감정을 조절하게 되는 것이다. 자기 조절력이 좋아지면 작은 갈등 상황에서는 화가 나지 않게 된다. 그만큼 상대방의 마음을 헤아리는 공감 능력과 사회적 맥락을 파악하는 능력이 좋아지기 때문에 충분히 이해가 되고 마음을 조절할 수 있게 되는 것이다. 조절하려고 억지로 참기만 하다 보면 어린아이들은 분명 다른 곳에서 비정상적인 폭발로 나타날 수 있다. 감정과 욕구는 성숙한 방법으로 충족시켜 더 이상 집착하지 않는 것이지, 참고 또 참다가 터뜨리는 것이 아님을 기억해야 한다.

⁝ 다시 한번 놀라운 5살을 만나다

5살 아이가 노래를 부른다. '꼭꼭 약속해'라는 동요다. 원래 가사는 이렇다.

너하고 나는 친구 되어서
사이좋게 지내자.
새끼손가락 고리 걸고
꼭꼭 약속해.

그런데 한 아이가 노래를 이렇게 부른다.

너하고 나는 친구 안 되어서
사이좋게 안 지내자.
새끼손가락 안 고리 걸고

꼭꼭 안 약속해.

이것이 바로 자율성과 관련된 신호다. 내가 엄마 아빠를 떠나서 자유롭게 할 수 있다는 느낌, 여기서부터 자기 조절력이 발달하는 것이다. 그래서 이렇게 반대로 노래를 부르면서 즐거워한다. 그런데 엄마 아빠가 이걸 모르고 자꾸 정확하게 가사를 고쳐주려고 하면 아이는 노래가 재미없어진다. 그뿐만 아니라 사소한 것에까지 잔소리를 들으니 스트레스가 쌓인다. 자기 조절력을 약화시키는 최대의 적은 스트레스다. 아이가 일상 속에서 가능한 스트레스를 받지 않고 즐겁게 자기 조절력을 키워갈 수 있도록 지혜롭게 도와주기 바란다. 때로는 이처럼 엉뚱한 개사곡을 함께 불러보면서 즐겁게 시간을 보내는 것이 정서 발달에 더 도움이 된다. 다시 강조하지만, 아이에게 한글과 숫자를 가르치는 것보다 앞서 해야 할 것이 바로 정서 조절 능력을 키워주는 것이다. 정서 조절 능력이 우수한 아이가 사회성이 좋고 스트레스에 강할 뿐만 아니라 학업 능력까지 탁월하기 때문이다.

자기 조절력이 좋은 5살 아이가 있다. 아이가 노는 모습을 관찰해보면 이렇다.

심심하면 책을 꺼내어 본다. 그림도 보고 쉬운 글자는 천천히 소리 내어 읽기

도 잘한다. 숫자 놀이도 무척 좋아한다. 100에 0을 하나 더 붙이면? 1,000에 0을 하나 더 붙이면? 이런 퀴즈 내기를 즐기고 끝말잇기도 좋아한다. 뭔가를 생각하느라 눈동자를 하늘 쪽으로 쳐다보는 모습은 더할 나위 없이 귀엽고 사랑스럽다. 추리 게임도 좋아한다. 단서를 찾아서 용의자를 분석하고 범인을 색출해내야 하는데, 논리적으로 차근차근 따져서 문제를 해결할 줄도 안다. 아이다운 밝음과 천진난만한 자유가 몸에 배어 있다. 아이는 사회성도 좋고, 자존감도 높으며, 자기 마음을 알아차리고 보호할 줄도 안다. 늘 또래보다 조금은 성숙하게 행동하기도 한다. 힘들고 하기 싫은 과제도 마음을 조절해 거뜬히 잘해낼 수 있다.

이 아이가 커갈수록 눈부신 공부력을 발휘하게 될 거라는 건 이미 우리 모두가 알고 있는 사실이다. 자기 조절력이 높은 아이가 커가는 모습은 상상만 해도 기분이 좋다. 우리 아이가 꼭 이런 모습으로 자라도록 이끌어줘야겠다.

Part 5

4~7세 공부,
지금 시작합니다

마법의 열쇠를 활용한
4~7세 국어 공부력 키우기

：4~7세 국어 공부, 한글 깨치기를 넘어서려면

4~7세 아이를 위한 국어 공부에서 무엇보다 강조하고 싶은 점은 이 시기의 국어 공부가 한글 깨치기에 국한되어서는 안 된다는 것이다. 국어 능력은 듣기, 말하기, 읽기, 쓰기의 순서로 발달하는데, 그중 듣고 말하는 능력은 구체적인 인지 교육이 시작되기 전부터 은연중에 습득된다. 임신 시기부터 부모는 많은 말을 들려주고 아이는 들으며, 이런 정서적·언어적 자극을 받아 아이는 옹알이를 하다가 점점 단어에서 문장으로 발전하며 말하기 능력을 키워나간다. 그러다가 어느 시점이 되면 한글 읽기에 관

심을 보이기 시작한다. 이때 부모가 아이와 대화하는 방식에 따라 듣기와 말하기 능력에 차이가 발생하고, 또 한글을 가르치는 방식이 국어 능력의 발달에 영향을 끼친다. 앞에서 강조한 3가지 마법의 열쇠, 즉 지식, 주의력, 자기 조절력을 키우는 단계에서 듣고 말하는 능력은 훌륭하게 발전할 수 있다. 굳이 학습 교재를 사용하지 않아도 일상에서 마음과 생각을 나누는 대화와 책을 읽으며 다양하게 확장해서 나누는 대화만으로도 충분하다. 말귀를 잘 알아듣고 말을 잘하는 아이, 더듬더듬 읽더라도 자신이 한글을 읽는다는 사실을 기뻐하는 아이가 되어야 한다.

4~7세 아이의 국어 공부는 4가지 능력, 즉 듣기, 말하기, 읽기, 쓰기 능력이 원활하게 잘 발달해야 한다는 개념으로 시작해야 한다. 듣기와 말하기 능력이 뛰어난 아이들은 한글에 관심을 갖게 되면 읽기 능력도 매우 빠른 속도로 발전하기 시작한다. 그림을 그리듯 글씨 쓰기도 즐거워한다. 3가지 마법의 열쇠를 무시한 채 억지 공부를 진행한 아이들이 중학생만 되면 성적이 떨어지고 공부와 담을 쌓는다는 사실은 누구나 잘 알고 있다. 알면서도 깊이 깨닫지 못했기에 생각 없이 따라가다 나중에 뼈아프게 후회하게 된다. 이렇게 중학생이 되어 공부에서 낙오하게 되는 주된 이유는 정서 발달과 인지 발달의 불균형, 즉 공부력 발달에 가장 중요한 마법의 열쇠를 키우지 못했기 때문이며, 국어 능

력에서 제대로 듣고 이해하는 능력과 자신의 감정과 생각을 자유롭게 말하는 능력이 제대로 발달하지 못했기 때문임을 현장의 교육자들은 모두 알고 있다. 그러므로 4~7세 시기부터 올바른 국어 공부가 시작되어야 함은 너무나도 당연하다.

이를 기반으로 아이의 국어 공부를 도와주자. 국어 공부에서 가장 중요한 사실은 한글을 깨치는 시기는 아이마다 다르다는 것이다. 아이가 한글에 관심을 보이는 시기부터 한글을 가르치면 된다. 혹시 주변 아이가 4~5살에 한글을 깨쳤다고 조바심에 억지로 교육을 시키면 절대 안 된다. 또래보다 조금 늦었지만 호기심을 갖고 배우기 시작하는 것과 스트레스를 받으며 일찍 한글을 깨치는 것 중에 어느 방법이 아이의 공부력 발달에 도움이 될지 앞날을 내다봐야 한다는 점을 기억하자.

어떤 학자는 한글을 늦게 깨치는 것이 오히려 더 아이의 상상력과 창의적 사고를 발전시키는 데 도움이 된다고 강조한다. 부모는 그림책을 읽어주면서도 그림을 보지 않는다. 그저 텍스트만 충실하게 읽어준다. 아직 한글을 모르는 아이는 들으면서 그림을 보며 부모가 찾아내지 못한 그림 속의 정보를 읽어내기도 하고, 책이 주는 정보를 토대로 마음껏 상상하며 즐기기도 한다. 글자는 약간의 놀이 방법만으로도 충분히 정확하게 깨칠 수 있음을 잊지 말자. 아이의 언어 발달을 도와주는 방법을 기억하면서 아이의 한글 능력 발달 또한 도와주기 바란다. 다음은 아이의 언어 발달을 도와주는 방법이다.

- 책을 자주 읽어주며 아이가 원하는 방식으로 대화를 나눈다.
- 부정어는 언어 발달을 방해하므로 최소한으로 사용한다.
- 말을 많이 걸고 아이의 말에 적극적으로 반응해준다.
- 유아어를 사용하지 말고 정확한 어휘와 문장으로 바꿔 들려준다.
- 명사와 형용사는 많이 사용할수록 좋다.

: 한글을 가르치는 3가지 방법

아이의 한글 인식 발달은 다음과 같이 진행된다.

① 글자를 전혀 모르는 단계

② 자기 이름과 가나다를 인식하는 단계

③ 문장을 더듬더듬 읽는 단계

④ 유창하게 읽어도 의미 이해가 잘 안 되는 단계

⑤ 읽으며 이해하는 단계

⑥ 수학, 과학 등 지식책을 읽고 이해하며 지식을 확장하는 단계

여기서 주의할 점은 아이가 글자를 잘 읽어도 바로 이해하는 건 아니라는 사실이다. 책 읽기를 즐기다가 혼자 읽으라고 강요당하면서 많은 아이들이 책 읽기에서 멀어진다. 그런 실수를 절대 하지 않기 바란다. 이와 같은 발달 과정을 발판 삼아 한글 깨치는 방법을 살펴보자. 이미 알려진 방법이 많지만, 그중 대표적인 3가지 방법을 소개한다.

한글 교육 방법으로는 통문자 방식과 자음과 모음의 원리를 가르치는 낱글자 방식이 있으며, 둘 사이에는 논쟁이 있다. 통문자 방식은 글자를 그림처럼 재미있게 인식하지만, 정작 한글의 원리를 깨닫지 못해 낱글자로 떼어내면 읽지 못한다는 대표적인 부작용이 있다. 반면에 세종대왕의 한글 창제 원리대로 자음과 모음을 분리 및 조합하는 방법은 과학적 원리라 익히기만 하면 그다음부터는 쉽지만, 의외로 재미있게 가르치기가 어렵다. 그래서 2가지 방법을 효과적으로 활용하면서도 발전시키는 방법을 소개한다. 이때 무엇보다 중요한 건 아이의 흥미를 끌어올리며 진행하는 것이 바람직하다는 사실이다. 효과적인 방법만이 진정한 공부력을 키운다는 사실을 기억하면서 아이와 함께 즐겁게 한글 공부 놀이를 시작하기 바란다.

방법 ① 통문자로 한글에 대한 흥미 키우기

아직 한글을 잘 모르지만 "이건 뭐야? 저건 뭐야?"라며 궁금해하거나 좋아하는 그림책의 제목을 읽는 척하기 시작한다면 이제 아이가 한글에 관심을 가지는 것이다. 이때 스케치북에 아이 이름, 엄마, 아빠 등 관심 단어를 써서 따라 읽게 한다. 또 동물, 탈것, 과자 등 아이가 좋아하는 주제의 단어를 써서 통문자로 익히게 하면 된다. 종이를 잘라서 카드를 만들어 찾기 놀이를 해도 좋고, 호랑이, 공룡, 사자, 개미, 원숭이 등을 2장씩 써서 같은 글자 찾기 놀이로 응용해도 좋다. 그림을 그리는 대신에 색연필로 글자를 쓰거나 글자의 크기를 다르게 하는 정도로 하면 된다. 익숙해졌을 때 뒤집어서 메모리 게임 방식으로 활용하면 아이의 승부욕이 발동해 더 재미있게 글자를 배울 수 있다. 시중에 판매되는 낱말 카드가 많지만, 아이가 관심 있는 단어가 더 효과적이므로 그렇게 만들어서 하는 것이 더 바람직하다.

통문자가 익숙해지면 몇 개의 낱글자를 인식하기 시작한다. 자기 이름에 들어 있는 글자와 동물의 한 글자가 같은 것을 찾아내며 기뻐한다. '김주호'와 '호랑이'에서 '호' 자를 찾아 "여기 내 이름이랑 같은 게 있어!"라며 신나게 외치는 것이다. '냉장고'와 '냉면'에서 찾기도 하고, '기차'와 '기린'에서 찾기도 한다. 통문자 방식에서는 이 정도면 충분하다. 하지만 통문자에 익숙해졌다고 해서 부모가 의욕을 앞세워 낱글자로 단계를 높이면 의외로 아이들은 잘 인식하지 못한다. 아이가 글자에 흥미를 갖는 것은 반가운 일이지만, 통문자에서 낱글자를 인식하는 방식은 시간도 오래 걸리고, 무엇보다 자음과 모음, 받침을 조합해 만들 수 있는 글자가 총 1,172개라 그 수가 너무 많다. 그러니 한 가지 방법으로만 가르치겠다고 욕심내지 말고 다음 단계로 넘어가자.

방법 ② 낱글자로 한글 읽기 실력 키우기

아이가 글자에 대한 흥미가 생겨 인식하기 시작했다면 이제부터는 과학적 원리로 정확하게 가르쳐보자. 한글은 자음과 모음의 소리를 알아, 그 조합으로 글자를 만드는 세계 최고의 과학적 언어다. 세종대왕의 한글 창제에 얽힌 이야기도 들려주며 한글의 원리를 알려주자. 그런데 아무리 한글을 과학적으로 가르치고 싶다고 해도 마치 지식 교육하듯이 접근하면 아이는 거부하기 마련이다. 아이들은 듣기로 배움을 시작하므로 한글의 자음과 모음을 가르치기 위한 가장 첫 단계는 역시 '가나다 노래'가 되어야 바람직하다. '기역, 니은, 디귿'이라는 말을 전혀 들어보지 못한 아이에게 'ㄱ'을 보여주면서 '기역'이라 읽으라고 하면 어려울 수밖에 없다. 그러니 우선 '가나다 노래'를 들려주고, 먼저 그 노랫말을 외워 부르게 하는 것이 좋다. '한글 가나다 노래'

를 검색해보자. '가'라는 한 글자를 보여주고 '가위'나 '가재'를 알려주는 노래도 있고, '가나다라마바사' 방식으로 들려주는 노래도 있다. 한글의 원리를 깨치기 위해서는 후자의 방식이 더 도움이 된다. '가나다라마바사아자차카타파하', '아야어여오요우유으이' 노래를 외워서 즐겁게 잘 부르게 된다면 본격적으로 자음과 모음의 조합으로 글자가 만들어지는 원리를 가르쳐보자.

'ㄱ+ㅏ=가'의 원리를 가르치는 방식이다. 작은 수첩을 하나 마련해서 가운데를 가위로 자른다. 그럼 왼쪽과 오른쪽 중 한쪽만 넘길 수 있게 된다. 왼쪽에는 ㄱ에서 ㅎ까지 자음을 하나씩 차례로 쓰고, 오른쪽에는 ㅏ부터 ㅣ까지 모음을 하나씩 차례로 쓴다. 앞에서 연습한 가나다 노래에 맞춰 왼쪽 자음을 넘기면 재미있는 가나다 놀이가 되고, 오른쪽 모음을 넘기면 '가갸거겨고교구규그기'를 익히는 놀이가 된다. 아이가 받아들이는 정도에 따라 흥미를 유지할 수 있는 난이도, 성취감을 느낄 수 있는 수준을 살피면서 재미있게 진행하면 좋겠다. 양이 많지 않게, 놀이로 느껴지도록 진행하는 것이 가장 중요하다. 하루에 한 번씩만 해도 어느새 아이가 글자의 원리를 깨쳐 한글에 능숙해지게 된다. 가나다 낱글자 카드를 만들어서 펼쳐놓은 다음에 클립을 꽂아 낚시 놀이를 하거나, 보드게임 '라온'을 활용해 글자 만들기 놀이를 해도 재미있다.

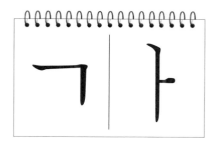

'자음+모음=글자'의 원리를 효과적으로
학습할 수 있는 수첩.

방법 ③ 그림책으로 한글 깨치기

그림책을 읽으면서도 얼마든지 한글을 깨칠 수 있다. 단, 한글에 관심을 갖는 시기는 아이마다 다르니 아직 흥미가 없는데 억지로 이끄는 건 바람직하지 않다. 한글을 늦게 깨친다고 해서 아이의 인지나 공부력에 문제가 생기는 건 아니니 걱정하지 않아도 된다. 아이가 글자에 관심을 가질 때 그림책으로 재미있게 한글을 깨쳐보자.

그림책으로 한글을 깨치려면 부모가 미리 알아야 하는 것이 있다. '그림 읽기'의 중요성이다. 아이들은 글을 아는 순간부터 글자만 읽게 되는 경우가 많으며, 그러면서 자연스럽게 그림으로 표현되는 수많은 정보와 신호들을 놓치게 된다. 그림책을 봐도 그림에서 새로운 생각과 이야기를 만들어내기보다는 어른처럼 글자가 주는 정보에 한정해서 내용을 이해하게 되는 단점이 생기기도 한다. 그래서 글자를 늦게 깨치는 것이 오히려 도움이 되기도 한다. 글자에 집착하지 않아 그림을 더 많이 탐색하고 상상을 자유롭게 펼칠 수 있기 때문이다. 그림에서 자신만의 이야기를 만들어내고, 글에서 이야기하지 못하는 많은 정보들을 해석하고 받아들이며, 새로운 생각을 자유롭게 창조해나갈 수 있다. 이것은 글자만 읽는 사람들은 얻기 힘든 이점들이다.

그림책을 읽으며 한글을 깨치는 일이 큰 효과가 있기는 하지만, 그 의도가 너무 드러나면 아이는 힘들어진다. 책 내용을 듣고 재미를 느끼고 줄거리에 몰입하기보다는 글자를 알아야 한다는 부담감에 정작 내용에는 집중할 수가 없게 된다. 한번 읽으면서 2가지를 동시에 하기는 어렵다. 책을 읽어줄 때는 내용에 몰입해서 들을 수 있게 하는 것이 중요하다. 한글 깨치기는 아이가 좋아하는 책으로 시작해야 한다. 그러므로 읽고 즐길 수 있는 책을 고르는 것이 첫 단추를 가장 잘 꿰는 일이다.

그림책으로 한글을 깨치는 방법
① 글의 양이 적고 글자가 큰 그림책 중에서 아이가 좋아하는 내용의 책을 선택하게 한다.
② 이야기의 흥을 살려 부모가 재미있게 읽어준다.
③ 아이가 좋아하는 단어가 무엇인지 물어본다. 만약 아이가 대답하

지 못하면 "엄마(아빠)는 '똥' 찾아봐야지"라고 먼저 말해 아이의 흥미를 불러일으킨다.

④ '똥' 단어가 여러 개 나온 쪽을 펴서 "우리 한번 이렇게 생긴 글자를 찾아볼까?" 하며 천천히 찾기를 시작한다.

⑤ 아이가 하나라도 찾으면 "정말 잘 찾는구나"라는 말로 격려해준다. 아이가 잘 찾지 못한다면 "아, 여기 어디쯤 있는 것 같은데?"라며 손가락으로 글자 근처를 맴돌면서 힌트를 준다.

⑥ 하나를 찾으면 "잘 찾네. 또 찾을 거야?", "엄마(아빠)는 하나 더 찾아야지"라는 말로 다시 한번 격려해준다.

⑦ 아이에게 몇 개를 더 찾고 싶은지 질문해서 주도적으로 '똥' 글자 찾기 놀이를 진행하게 한다.

⑧ 아이와 함께 찾은 글자의 개수를 세어본다. 작은 수첩에 오늘 날짜와 찾은 글자, 그 개수를 적는다.

⑨ 다른 가족에게 오늘 아이가 찾은 '똥' 글자가 몇 개인지 알리면서 칭찬해준다.

⑩ 아이에게 무엇을 잘했는지, 어떤 노력을 했는지 자세하게 이야기해준다. 몇 번 말해주면 아이가 스스로 잘한 점을 찾을 수 있다. 부모의 평가보다 스스로 하는 평가가 더 동기 부여가 된다.

"오늘 ○○(이)는 찾기가 어려워도 끝까지 글자를 열심히 찾았어."

"짜증 내지 않고 꼼꼼하게 잘 살펴봤어."

"오늘 네가 잘한 점은 뭐라고 생각하니? 어떤 점을 잘한 것 같니?"

⑪ 찾기 놀이를 진행한 글자로 카드를 만들어 냉장고나 거실 등 잘 보이는 곳에 붙여둔다. 하나둘 늘어나면 카드놀이를 하며 재미있는 시간을 보낸다.

응용 놀이

- 아이가 찾은 글자를 모아 글자 카드를 만들자. 카드놀이는 글자를 익히는 최고의 놀이다. 아이가 글자를 인지하기 시작하면 아는 글자 80%, 모르는 글자 20%의 비율로 카드놀이를 진행하자. 그냥 찾기 놀이를 해도 좋고, 2장씩 만들어 메모리 게임으로 진행해도 좋다.

- 글자 낚시 놀이도 아이들이 무척 좋아한다. 놀이를 통해 자신이 낚은 글자의 개수가 늘어날수록 자신감과 긍정적 자아감을 갖게 된다. 이렇게 놀이를 좋아하는 아이는 한글을 깨치는 과정도 쉽고 자연스럽게 흘러간다.

- 놀다 보면 아이가 계속 놀이 아이디어를 발전시킬 것이다. 그럴 때마다 아이의 의견을 그대로 실행하면 자부심과 성취감으로 더욱더 한글과 공부에 대한 동기가 유발된다.

이 과정에서 중요한 것은 부모와의 상호 작용에서 아이가 어떤 감정을 느끼는가다. 글자를 찾는 과정이 재미있게 느껴져야 한다. 부모가 책을 읽어주면 재미있다고, 글자 찾기 놀이를 하면 즐겁다고 느껴야 한다. 아이는 자신이 찾는 글자의 수가 늘어나면서 동시에 글자를 배우는 것에 대한 동기가 강해지는 셈이다.

마법의 열쇠를 활용한 4~7세 수학 공부력 키우기

∶ 4~7세 수학 공부, 수 감각이 최우선이다

『수포자는 어떻게 만들어지는가?』를 쓴 미국의 수학자 폴 록하
트(Paul Lockhart)는 수학이 대단히 아름답고 재미난 창의적 예술
이라고 말하며, 단지 수학을 가르치는 방식 때문에 아이들이 수
학을 싫어하고 포기하게 되었다고 주장한다. 만약 수학이 아니라
음악이 입시 과목이라면 음악을 가르치는 방식, 즉 음표를 그리
고 화성학을 외우고 시험을 보느라 음악을 제대로 감상하지 못
해 수학을 싫어하는 것처럼 음악도 싫어하게 될 것이라 말한다.
충분히 가능한 일이라고 생각한다.

아이들은 수학을 공부하면서 대부분 수학을 싫어하게 되고, 그중 절반 이상은 서서히 수학을 포기하게 된다. 4~7세 때부터 시작해 약 15년 이상을 해야 하는 공부인데, 이렇게 싫은 채로 시작하는 건 불행한 일이다. 아이가 이런 길을 가지 않게 하려면 4~7세 때 시작하는 수학 공부에서는 즐거움을 느끼고 더 많은 내용을 배우고 싶은 마음이 들게 해야 한다.

부모가 수학을 어려워하고 싫어하면 아이도 고스란히 그 태도를 배우게 된다. 7살 아이가 간단한 수학 퀴즈를 풀다가 틀려 답지를 찾는다. 부모가 수학을 가르치면서 채점하기 위해 답지를 보는 모습을 배웠다. 안타깝게도 아이는 틀리자마자 스스로 다시 풀어볼 생각은 하지도 않고 답지를 보고 싶어 한다. 물론 4~7세 시기의 수학은 부모가 수학을 포기했다고 해도 충분히 가르칠 수 있다. 우리 아이를 수학을 좋아하고 잘하는 아이로 키우고 싶다면 수학에 대한 개념부터 다시 정리하자. 우선 마음을 안심시켜주는 중요한 사실이 있다. 아이는 누구나 수 감각을 갖고 태어난다는 것이다. 생후 4개월이 된 아기들을 대상으로 한 학자들의 연구를 살펴보자.

작은 인형극 무대에 미키 마우스 인형 하나를 올려둔다. 이 인형을 가리개로 가렸다 다시 보여줬을 때 아기의 주시 시간을 측정한다. 이번에는 두 번째 미키 마우스를 가리개 뒤쪽에 놓아

둔다. 그러고 나서 다시 가리개를 열었다. 인형이 둘로 늘어났을 때 아기가 주시하는 시간은 훨씬 더 길어졌다. 이것은 아기가 '1+1=2'라는 감각을 갖고 태어났음을 보여주는 모습이다. 반대의 경우도 마찬가지였다. 처음에 2개의 인형을 보여주고 가리개로 가린 다음에 2개의 공으로 바꿨을 때는 주시 시간의 변화가 별로 없었다. 분명 모양의 변화가 있었지만 그리 주목하지 않았다. 하지만 공이 1개만 남았을 때는 무대를 더 오래 주시했다. 이런 연구를 통해 학자들은 영아기 아이들이 사물의 형태나 색깔보다는 그 수량에 먼저 주목한다는 사실을 밝혀냈다. 정확한 수를 아는 건 아니지만, 타고난 수 감각으로 수의 변화를 알아차린다는 것이다.

아동과 성인기의 수학 성취에 관여하는 강력한 개념이 있다. 바로 어림수라 불리는 수치 거리 효과, 타고난 수 감각이다. 마음 속에 존재하는 줄자의 개념으로 생각하면 된다. 이 수 감각 덕분에 3과 4, 3과 8을 보고 어느 쪽의 차이가 더 큰지 비교하는 문제가 있다면 굳이 계산하지 않아도 쉽게 알 수 있다. '4-3', '8-3'이라는 수 계산 능력을 배우지 않아도 비교할 수 있는 능력이 바로 사람이 갖고 태어나는 수 감각이며, 이를 '어림수 시스템'이라고 한다. 반면에 공부를 통해서 배우는 수 개념과 정확한 계산 방식은 '정확수 시스템'이라고 한다.

우리는 정확수 개념을 배우는 것만을 진정한 수학 공부라고 여긴다. 그래서 정확수 개념을 공부하도록 강요한다. 하지만 중요한 건 그게 아니다. 학자들은 이미 갖고 태어난 능력인 어림수 시스템을 강화하지 않고 정확수 시스템만 사용하게 되면 수 감각은 무뎌지고 수학을 싫어하게 되어 수포자가 될 확률이 훨씬 더 높아진다고 강조한다.

수 감각은 색깔을 인식하는 것처럼 타고난 능력이며, 적절한 훈련을 통해 더 향상될 수 있는 능력이다. 반대로 지속적으로 자극하거나 훈련하지 않으면 감퇴가 되는 능력이기도 하다. 게다가 수 감각이 초등학생부터 고등학생까지의 수학 성적과 높은 상관관계가 있다는 것은 이미 밝혀진 사실이다. 수 감각에 대해 모르고 수학을 가르치는 건 바람직하지 않다. 특히 4~7세 시기에 강조해야 할 부분은 정확수 개념이 아니라 수 감각을 키우는 것이다. 이제부터 수 감각을 키우는 방법에 대해 알아보자.

：수 감각을 키우며 수학을 가르치는 5가지 방법

방법 ① 수 세기: 구체물에서 추상물로

처음으로 수를 배우는 아이라면 가장 먼저 1에서 10까지 수의 모양과 이름을 익혀야 한다. 그러고 나서 1개, 2개 세어가며 수와 물체의 개수를 1:1로 대응할 수 있어야 한다. 그래서 구체물과 수를 연결하는 선 긋기가 4~7세를 위한 수학 교재의 주요 내용으로 구성된다. 사실 이 내용을 가르치는 것은 그리 어렵지 않다. 구체물로 시작해서 반구체물로, 그리고 추상물의 순서로 나아가면 된다. 예를 들어 2+3을 연습할 때, 처음에는 구체물인 사탕을 활용해 직접 세면서 계산한다. 익숙해지면 동그라미, 세모, 네모 등 반구체물로 계산할 수 있다. 좀 더 익숙해지면 추상물인 숫자만으로 계산할 수 있게 된다. 이렇게 수 세기의 능력이 발달해야 한다. 이 순서를 모르고 무작정 숫자부터 가르치는 건 아이에게는 잘 이해되지 않는 너무 어려운 과제임을 알아야 한다. 아이가 장난감을 갖고 놀거나 음식을 먹을 때 입이 좀 아파도 자주 수 세기를 해줘야 듣고 따라 말하면서 아이의 수 감각이 잘 발달하게 된다.

방법 ② 직산 감각: 홀짝 놀이와 주사위 놀이

직산이란 한 번에 보고 몇 개인지 알아보는 능력을 말한다. 사람은 4~5개의 점을 세지 않고도 알아보는 능력을 갖고 태어났다. 이를 '지각 직산'이라고 한다. 그리고 6개의 물체를 보고 수를 셀 때 5+1, 3+3으로 나눠 생각하는 것은 '개념 직산'이라고 한다. 1~10 정도의 수 세기에 익숙해졌다면 이제 직산 감각 키울 차례다. 과거 홀짝 놀이를 생각하면 쉽게 이해할 수 있다. 적당한 수의 바둑알을 손에 나눠 쥐고 홀수인지 짝수인지 알아맞힌다. 처음에는 하나, 둘, 셋을 세어 홀짝을 가리지만, 익숙해지면 세지 않고도 몇 개인지, 그래서 홀수인지 짝수인지 알아보는 감각이 발달하게 된다. 점주사위는 직산 감각을 연습하는 데 매우 효과적이다. 점주사위를 굴려 나오는 점의 수를 세어 인식하는 단계에서 직산으로 알아차리는 단계로 발전하는 것이 바람직하다. 수를 알기 시작한 아이라면 누구나 좋아하는 놀이다. 점차 점주사위 수를 2개, 3개로 늘려 모두 세는 방식으로 난이도를 높여가면 된다.

방법 ③ 수의 비교 개념: 가위바위보 카드놀이

1 작은 수, 1 큰 수에 대한 개념을 연습한다. 3보다 1 큰 수, 1 작은 수에 대한 감각을 키우면 연산 과정을 쉽게 이해할 수 있게 된다. "덧셈은 잘하는데 뺄셈을 어려워해요", "곱셈은 잘하는데 나눗셈이 약해요"와 같은 현상이 나타나는 이유가 바로 수의 비교 개념이 발달하지 않았기 때문이다. '형은 3개, 동생은 2개', '아빠는 크니까 5개, 아이는 작으니까 3개' 이런 방식으로 비교해도 좋다. 4는 3보다 1이 크고, 9는 10보다 1이 작다는 개념을 알아가는 과정이다. 가위바위보로 카드를 하나씩 따먹는 놀이도 무척 좋다. 수

개념이 잘 발달하게 될 뿐만 아니라, 각자 모은 카드를 세면서 서로 비교하는 과정이 바로 수의 비교 개념이 발달하는 과정이기 때문이다.

방법 ④ 묶어 세기와 분류하기:
일대일 대응에서 2씩, 5씩 세기로

일대일 대응의 수 세기가 익숙해지면 그때부터는 2씩, 5씩 세기로 나아가자. 10개의 물체를 셀 때 하나씩 셀 수도 있고, 2개씩 셀 수도 있고, 5개씩 분류해서 셀 수도 있다. 이렇게 묶어 세는 연습은 수 감각 발달에 큰 도움이 된다. 그리고 일정량의 수는 어떻게 분류해도 전체의 수는 변하지 않는다는 사실도 감각적으로 깨닫게 된다. '1+7=2+6=3+5=4+4=8'이라는 사실을 하나씩 설명해서 가르치면 공부 과정이 너무 어려워진다. 대신에 '둘, 넷, 여섯, 여덟, 열', '5, 10, 15, 20, 25, 30' 등과 같이 묶어 세기와 일정 수로 분류해서 세기를 자주 한다면 아이의 수 감각은 쉽게 발달한다. 수를 세다 보면 운율이 생겨 노래 부르듯 읊조리게 될 수도 있다. 즐거운 과정이다.

정확수 개념으로만 연산 공부를 한 아이들이 보드게임에서 묶어 세기에 약한 경우를 자주 본다. 초등학교 1학년이면 1에서 100까지 수 세기에 익숙해야 한다. 1씩 세기만 하는 아이와 묶어 세는 아이의 수 감각은 큰 차이가 난다. 이 또한 부모가 아이와 놀면서도 얼마든지 발달시켜줄 수 있는 것임을 기억하자.

방법 ⑤ 어림수와 정확수 감각 키우기:
수 막대, 수직선, 수 세기 판

어림수에 대한 감각을 키우려면 10개짜리 수 막대와 수직선, 그리고 2×5로 된 10칸짜리 수 세기 판이 매우 효과적이다. 10칸 수 세기 판에 바둑알이나 둥근 칩을 놓고 직산으로 알아맞히기, 10개 수 막대와 낱개 수 막대를 무작위로 놓고 몇 개인지 알아맞히기 등을 해본다. 물론 사탕을 한 주먹 쥐어 바닥에 내려놓은 다음에 몇 개인지 알아맞히기를 해도 좋다.

0~10 수직선(1의 간격 1cm)을 그은 다음, 각 숫자의 위치를 가늠해보는 놀이는 어림수 감각을 키우는 데 매우 효과적이다. 우선 0에서 10까지의 수직선을 그어보자. 만약 0과 10만 써놓고 7이 어느 위치에 있을지 어림짐작해서 표시하라고 하면 아이는 어떻게 할까? 당연히 7 정도의 위치에 표시할 거라고 예측하지만 그렇지 않다. 전혀 엉뚱한 위치에 표시하기도 한다. 아직 수 감각이 발달하는 중이어서 그렇다. 자주 놀아야 잘 발달하는 법이다.

정확수 감각을 발달시키는 것도 중요하다. 구글에서 '수 감각(Number Sense)'을 검색하면 이런 그림이 많이 나온다.

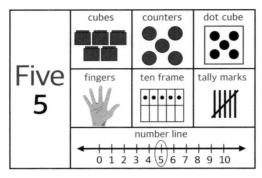

숫자 5를 표현하는
여러 가지 방식.

숫자 5를 크게 쓰고, 수 막대 낱개 5개, 동그라미 5개, 주사위 5, 손가락 5개, 10칸 수 세기 판에 5개 표시, 탤리 마크(빗금으로 수 표시)로 5개 표시, 그리고 수직선으로 표현한다. 그야말로 숫자 5를 표현하는 방법을 모두 보여준다. 하나의 수에 대한 다양한 표현 방식을 배움으로써 수 감각을 키우면서 정확수 개념까지 발달시키는 방법이다. 수를 가르칠 때 이렇게 다양한 방식으로 제시하면 정확수 개념이 발달할 뿐만 아니라, 다양한 응용력까지도 키워 줄 수 있음을 기억하자.

수학은 수학에 대한 직관과 수 감각, 그리고 정확한 수 개념을 창의적으로 활용해 문제를 해결하는 과정이다. 무조건 계산만 빨리한다고 해서 앞으로 수학을 잘하게 되는 것이 아니다. 수

감각이 발달해야 한다. 수 감각은 수를 세고, 수량과 숫자를 연결할 뿐만 아니라, 크기 개념, 숫자 간의 관계, 연산 원리, 십진법 등을 이해하는 데 필수적이다. 4~7세 시기의 수학 공부는 곧 수 감각의 발달임을 꼭 기억하기 바란다.

： 수학적 흥미와 실력을 모두 잡는 보드게임

누리과정에 의하면 4~7세 시기의 수학에서는 크게 5가지 영역의 수학적 개념을 익히도록 권장된다. 수와 연산의 기초 개념, 공간과 도형의 기초 개념, 측정하기, 규칙성 이해하기, 기초적인 자료 수집과 결과 나타내기다. 어찌 보면 너무 광범위하고, 해야 할 것이 많으며, 어떤 교재로 어떻게 가르쳐야 할지 막막해진다. 문제집이 나을지 방문 교사의 가르침이 나을지 헷갈린다. 부모는 소중한 아이의 수학 공부를 어떻게 시작할지 중대한 선택의 기로 앞에 서 있다. 수학을 좋아하고 즐기는 아이로 키우기 위해서는 그 방법과 상호 작용이 관건이다. 문제집은 아이가 얼마나 알고 있는지 정말 궁금할 때 가끔 한두 장씩 퀴즈 풀듯이 놀이 삼아 풀어보게 하면 된다. 혹은 종이 하나에 5문제 정도만 직접 만들어 아이한테 풀어보게 하는 것만으로도 충분하다. 그걸 모으면 아이만의 수학 문제집이 된다.

4~7세 아이가 수학을 좋아하게 되는, 또 잘하게 되는 최고의 방법은 바로 보드게임이다. 미국의 정신과 의사 앨빈 로젠펠트(Alvin Rosenfeld)는 보드게임을 하면 아이들이 숫자 및 모양 인식, 그룹화 및 세기, 문자 인식 및 읽기, 시각적 인식 및 소근육 발달 등과 같은 학습 기술을 구축하는 데 크게 도움이 된다고 강조한다. 보드게임은 부모와 아이가 함께 시간을 즐겁게 보낼 수 있는 가장 쉽고 훌륭한 방법이며, 동시에 학습 능력도 향상시킬 수 있는 방법이라고 확언한다. 미국 메릴랜드대 인간 개발학 교수 기타 라마니(Geetha Ramani)는 미취학 아동을 대상으로 한 선형 숫자 보드게임인 사다리게임 연구에서 숫자 크기 비교, 수선 추정, 계산과 수 식별 등 4가지 수학 작업에 대한 숙련도가 유의미하게 증가했다고 보고했다. 결국, 보드게임을 한 경험이 수학적 감각과 수학 지식의 발달에 큰 기여를 한다는 것이다.

그뿐만 아니라 보드게임을 통해 돌아가면서 순서대로 실행하고, 자기 차례를 기다리며 다른 사람과 상호 작용하는 중요한 사회적 기술도 가르칠 수 있다. 코로나19로 달라진 육아 환경에서도 최고의 교육 자료로 활용할 수 있는 것이 바로 보드게임이다. 수학 사교육을 한 번도 받지 않은 아이가 명문대에 입학했다. 어떻게 수학을 공부했느냐는 질문에 어려서부터 보드게임으로 수학의 모든 것을 배웠다고 당당히 말하기도 했다. 충분히 가능한 일이다. 우리 아이도 보드게임을 통해 수학 능력자로 자랄 수 있음을 기억하자.

4~7세 수학 공부력을 키우는 보드게임

• **사다리게임**

뱀사다리게임으로 대표되는 선형 보드게임이다. 수 배열과 수직선의 개념을 모두 발달시킬 수 있다. 주사위를 굴려 나온 수만큼 수를 세며 전진하는 게임이다. 자신의 말이 앞서가다가 아래로 미끄러지거나, 상대방이 역전하는 과정에서 속상하고 포기하고 싶은 감정의 격동을 겪게 된다. 용기를 북돋우면서 진행하면 자기 조절력도 향상시킬 수 있다. 다양한 사다리게임이 있으니 아이와 골라서 해보기 바란다.

• **할리갈리 딜럭스**

차례로 돌아가며 카드를 한 장씩 뒤집어, 눈앞에 보이는 카드에서 같은 과일이 합해 5가 되면 종을 쳐서 따먹는 게임이다. 시각 주의력, 수 모으기와 수 가르기 개념, 그리고 덧셈과 뺄셈의 기초 능력 발달에 크게 도움이 된다. 합해서 5가 되었음을 빨리 알아차려 손으로 재빨리 종을 치는 순발력도 매우 중요하다. 기분 좋은 심리적 긴장감을 경험하고 정신 에너지를 집중하는 연습을 할 수 있다.

· 할리갈리 링엘딩

카드 한 장을 열면 손가락에 색깔 고리를 끼운 손의 모습이 있다. 미리 준비된 여러 색깔의 고리를 카드 그림과 똑같이 자기 손가락에 끼워 먼저 완성하면 종을 쳐서 카드를 따먹는 게임이다. 나머지 사람은 종을 친 사람이 정확히 고리를 끼웠는지 확인한다. 색깔과 패턴 감각을 키우는 데 매우 유용하며, 손동작을 빨리해야 해서 소근육 발달과 순발력을 키우는 데도 도움이 된다.

· 치킨차차

각자의 치킨을 정한 다음에 꼬리를 끼운다. 서로 반대 위치에서 시작한다. 가운데 덮어놓은 카드 중에서 자기 앞의 카드와 같은 그림의 카드를 기억해서 찾으면 앞으로 한 칸씩 갈 수 있다. 상대방을 따라잡아 꼬리를 빼앗아 자신의 꼬리가 하나 더 늘면 이기는 메모리 게임이다. 메모리 게임은 아이들이 인지적 흥미를 느끼는 좋은 도구다. 주의를 기울여 그림과 위치를 기억해야 하는데, 비슷한 색감의 그림들이므로 이미지의 특징을 세세하게 기억해야 한다. 따라서 기억 전략을 개발하는 데도 효과적인 게임이다.

· 쌤쌤

동그라미, 세모, 네모에 눈의 개수, 테두리 선의 모양, 색깔 등이 모두 다른 도형 카드가 있다. 카드 12장을 올려놓고 주사위 2개를 굴려 그 조건에 맞는 도형 그림을 찾아 뿅망치로 찍어 따먹는 게임이다. 도형의 모양과 색깔, 테두리 선의 모양, 그리고 눈의 개수 등 여러 가지 조건에 맞는지 확인하는 동안 도형과 색인지 감각을 키우고 시각적 변별력을 높일 수 있다. 노란색 세모, 테두리가 점선, 눈 2개 등 주사위를 굴려서 나온 특징을 말로써 표현하게 하면 종합적인 수학 감각과 순간 판단력, 그리고 언어적 표현력도 함께 키울 수 있다.

> **마법의 열쇠를 활용한
> 4~7세 영어 공부력 키우기**

: 4~7세 영어 공부, 충분히 재미있게 할 수 있다

영어 공부를 사교육 없이, 아이를 괴롭히지 않고 즐겁게 할 수 있다면? 그렇다면 4~7세의 영어 교육에 얼마든지 찬성한다. 영어 유치원에 다니는 아이와 비교하며 부모의 경제적 능력 부족을 탓하지 않으면서, 어린아이가 영어 숙제하느라 공부 스트레스를 받지 않으면서 즐겁게 영어를 배우는 방법을 알아보자.

4~7세를 위한 영어 교재는 너무나도 다양하다. 그러므로 어떤 교재로 하는가보다는 어떤 방식이 좋은가로 생각하면 좋겠다. 영어도 언어이므로 국어와 마찬가지로 듣기, 말하기, 읽기, 쓰기

의 순서로 발달해가는 것이 바람직하다. 들어야 말하게 되고, 말을 알아야 읽기를 배우는 과정이 수월하다. 부모 세대는 말하지 못한 채 읽고 쓰기만 하는, 12년을 배워도 제대로 말 한마디 못하는 효율성 제로의 교육을 받아왔다. 우리 아이만큼은 영어를 더 이상 그런 방식으로 가르치면 안 된다. 우선 듣기부터 생각해보자. 영어를 생활 용어로 사용하는 방법도 있고, 영어 그림책을 읽어주는 방법도 있다. 4~7세 아이를 대상으로 발간된 다양한 듣기 교재도 있고, 요즘은 화상 영어로 직접 외국인과 대화를 하며 배우는 방법도 있다.

이 중에 비용을 들이지 않고 듣기와 말하기를 하는 방법에 대해 알아보자. 크게 3가지다. 첫째, 간단한 생활 대화를 영어로 들려주자. "밥 먹자", "세수하자", "같이 놀자", "책 읽어줄게" 등을 영어로 들려주는 방식이다. 한국어를 먼저 들려주고 나서 다시 영어로 들려주다 보면 나중엔 영어로만 말해도 아주 잘 알아듣고 따라 말하게 된다. 둘째, 영어 노래 부르기다. ABC 송부터 시작해 아이들이 좋아하는 영어 동요를 자주 듣고 함께 부르면 된다. 한국어 노래도 함께 부르다 보면 의미도 이해하기 쉬워 따로 번역해주지 않아도 된다. 셋째, 영어 그림책 읽어주기다. 이때 듣기 교재를 함께 활용해도 좋다. 이어서 좀 더 자세히 알아보자.

: 영어 유치원을 이기는 간단한 생활 대화

아침에 일어나서 밤에 잘 때까지 부모가 아이에게 하는 말은 생각보다 다양하지 않다. 자주 하는 말 중에 단 10마디 정도만 골라 영어로 대화를 시도해보자. 부모라면 누구나 중고등학교 시절부터 시작해 최소 6~12년 정도의 영어 공부 경력이 있다. 간단한 생활 영어는 충분히 할 수 있다.

아침에 깨울 때 하는 말, 씻고 밥 먹으라는 말, 어린이집이나 유치원에 잘 다녀오라는 말, 하원하는 아이를 반기는 말, 간식 먹고 놀이할 때 하는 말은 사실 그리 어렵지 않다. 이 중에 딱 10마디만 골라 영어로 대화를 시도해보자. 2~3주 정도 하던 말만 계속 반복하는 것이 더 좋다. 영어의 지속 노출이 가능한 환경으로 바꾸는 것이다. 아이가 잘 알아듣고 따라 말하기도 한다면, 또 다른 말로 바꿔서 시도해보자. 어쩌면 영어 유치원에 다니는 만큼의 효과를 얻을 수도 있다. 이 과정에서 주의할 점은 부모의 영어 발음이 아니다. 영어 말하기와 영어 그림책 읽어주기에서 주로 듣기 교재나 세이펜에 의존하는 이유는 대부분의 부모들이 발음에 자신이 없기 때문이다. 부모의 발음이 그다지 유창하지 않아도 괜찮다. 원어민이 아닌 이상, 우리가 하는 영어는 대부분 한국식 영어다. 어떤 학자는 이를 부끄럽게 여길 필요가 전혀 없다고 강조하기도 한다.

　게다가 아이들은 엄마 아빠가 직접 말하고 읽어주는 걸 훨씬 더 좋아한다. 좋지 않은 발음으로 말해준다고 해도 어차피 아이들은 원어민이 녹음한 자료를 들으며 스스로 수정하고 오히려 엄마 아빠의 발음을 지적하기도 한다. 이것이 자연스럽고 바람직한 과정이다. 아이는 부모의 발음이 아닌, 부모가 말하고 읽어주는 태도를 배운다. 자신 없고 주눅 든 표정과 목소리를 아이가 그대로 배우기를 원하지 않는다면 당당하게 영어로 말해보자. 요즘에는 4~7세 아이들과 함께할 수 있는 생활 영어를 다룬 책과 영상이 무척 많다. 인터넷 검색을 통해 얼마든지 손쉽게 자료를 구할 수 있다. 왠지 쑥스럽고 어색한 감정이 들더라도 그것을 넘어 자신감 있게 노래를 부르듯 대화하기 바란다. 기대보다 더 큰 효과를 얻을 수 있다.

- 일어날 시간이야. Time to wake up.

- 잘 잤니? You sleep well?

- 뽀뽀해줘. Give me a kiss.

- 이 닦자. Brush your teeth.

- 세수하자. Wash your face.

- 소매 걷어야지. Roll up your sleeves.

- 비누로 씻어. Wash with the soap.

- 물 잠그렴. Turn off the water.

- 옷 입자. Let's get dressed.

- 한 입 먹어봐. Take a bite.

- 한 모금 마셔봐. Take a sip.

- "네"라고 해야지. Say "Yes".

- 고맙다고 해야지. Say thank you.

- 유치원에서 재미있었니? 어땠어?

  Did you have fun school? How was school?

- 간식 먹을래? Do you want some snacks?

- 물 좀 마실래? Do you want some water?

- 정리할 시간이야. It's time to clean up.

- 이제 멈출 시간이야, 그렇지? It's time to stop now, it is?

- 우리 영어 노래 들을까? Shall we listen to some English songs?

- 병원놀이 할까? Shall we play the hospital?

- 소꿉놀이할까? Shall we play house?

- 한번 해봐. Have a try.

- 이거 한번 봐. Have a look at this.

- 색칠하자. Let's color.

- 함께 노래 부르자. Let's sing together.

- 클레이 놀이하자. Let's play with clay.

- 엄마(아빠)가 말했지, 그거 하지 마. I told you, don't do that.

- 그런 말 하지 마. Don't say that.

- 그거 만지지 마. 알았니? Don't touch that. Okay?

- 손이 더럽구나. 가서 손 씻어.

  Your hands are dirty. Go wash your hands.

- 저녁 준비 다 됐다. Dinner is ready.

- 샤워하자. Let's take a shower.

- 잘 시간이야. It's time to sleep.

⦂ 영어 동요로 하는 세상에서 가장 즐거운 영어 공부

영어 동요로 영어를 배우면 영어 가사를 쉽게 외우고 읽을 수 있다. 〈겨울왕국〉이 유행했을 때 많은 아이들이 'Let it go'를 통째로 외워서 따라 불렀다. 아기 상어 노래도 영어로 된 'Baby shark'로 즐겨 부르는 아이들이 무척 많다. 영어를 읽을 줄은 모르지만 귀로만 듣고도 노랫말을 외워 유창하게 따라 부르는 것이다. 아이라면 누구에게나 이런 능력이 있다. 재미있게 노래를 따라 부르니 어렵지 않고, 더 잘 부르기 위해 수없이 반복해서 듣기를 즐긴다. 알파벳을 아는 아이라면 소리를 충분히 익힌 후

가사를 보며 따라 부르는 과정을 통해 읽기 실력도 눈에 띄게 발전하게 될 것이다. 영어 동요는 스트레스 없이 영어를 즐기면서 배울 수 있다는 아주 큰 장점이 있다.

노래를 부르며 몸동작과 손 유희를 활용하면 더욱더 효과적이다. 아이들에게는 몸의 기억이 매우 강렬하다. 한 노래에 맞춰 아이만의 개성 있는 동작을 만들어보자. 그 노래를 부를 때마다 춤을 추거나 혹은 앉아서 손 유희를 한다면 더 잘 기억하게 될 것이다. 동요 '작은 별'을 영어와 한국어로 차례대로, 몸동작과 손 유희를 함께하면서 부른다면 의미도 더 쉽게 이해할 수 있다. 유튜브에는 수없이 많은 영어 동요가 있으니 잘 검색해서 활용하면 좋겠다.

4~7세 아이 부모의 가장 중요한 역할은 아이가 무엇이든 즐겁게 배우는 방법을 알려주는 데 있다. 영어를 잘하지 못했던 부모가 영어를 가장 잘 가르칠 수 있는 방법이기도 하다. 10곡 정도만 외우면 스스로 동기 부여를 해서 아이가 자발적으로 영어로 노래 부르기를 즐기게 될 것이다. 사교육 없이도 눈부시게 발전하는 아이의 모습을 바라보며 신기함과 뿌듯함을 경험하기 바란다.

⁝ 영어 그림책 읽어주기는 읽기 전 활동이 전부다

영어 그림책을 읽어주는 방식은 일단 한국어 그림책과 비슷하다. 다만, 영어 그림책은 어휘를 전혀 몰라 재미를 느끼기가 어렵기에 읽기 전 활동이 좀 더 필요하다. 대표적인 읽기 전 활동은 주제와 관련된 기억을 떠올려 이야기를 나누거나 그에 관해 아는 지식 말하기, 제목과 표지 그림을 보며 내용 예측하기, 모르는 주요 어휘 미리 설명하기, 관련된 시각 자료가 있다면 사전에 보여주기 등이다. 거듭 강조하지만 영어 그림책의 경우는 더 중요하다고 할 수 있다. 초등학생을 대상으로 한 연구에서 영어 초보 아이들일수록 이러한 읽기 전 활동이 효과적이라는 사실이 밝혀졌다.

4~7세 아이의 영어 교육에서 중요한 개념이 있다. 모국어와 영어의 관계다. 한때는 모국어를 새로운 언어 학습을 방해하는 요소로 여긴 적도 있었다. 하지만 최근의 연구는 제2언어로 영어를 배울 경우, 모국어는 아이의 의사소통 기술을 강화시키고 영어와 모국어 사이에 활발한 상호 작용을 이끌어 영어 학습에 긍정적인 영향을 미친다고 강조한다. 모국어로 먼저 들려준 후에 영어 그림책을 읽어줬을 때가 영어로 먼저 읽고 모국어로 들었을 때보다 내용을 더 많이 기억했다.

그림책 표지의 탐색은 읽기 전 활동의 가장 기본이라고 할 수 있다. 누리과정에도 읽기의 세부 사항에 기록되어 있을 만큼 4~7세 아이의 수준에 적합하고 도움이 되는 활동이다. 그림책 표지는 내용과 주제를 암시하고 있으며, 책에 대한 궁금증과 반응을 이끌어내는 기초 자료다. 책 제목, 글 작가, 그림 작가, 출판사 등을 소개하고, 줄거리를 예상해보거나 사건을 예측해보면서 질문하고 이야기를 나눈다. 이때 어떤 상상도 모두 다 괜찮다.

"와! 정말? 그럴 수도 있겠다. 어디 한번 이제 내용을 읽어볼까?"

다양한 연구에서도 표지를 탐색하는 읽기 전 활동을 통해 4~7세 아이의 영어 읽기 태도와 영어에 대한 흥미, 그리고 언어 표현력에서 더욱 좋은 결과가 나타나고 있음을 강조한다.

책 읽기에서 어휘는 매우 중요하다. 어휘를 알아야 모르는 내용을 이해할 수 있고, 모르는 어휘가 많을 경우에는 읽기 동기가 저하되기 때문이다. 학자들은 모르는 어휘는 내용을 잘못 추측하게 하거나, 올바른 추측을 했다고 해도 그것이 바로 어휘 습득으로 이어지는 것은 아니기에 어휘를 미리 소개하고 인식하는 과정이 중요하다고 이야기한다. 특히 읽기 전 어휘 지도는 초보 영어 학습자에게 큰 도움이 되는 방법이다.

아이에게 어휘를 선택해서 소개하는 방법은 다음과 같다. 어휘를 고를 때는 책 내용을 잘 전달하는 어휘, 2번 이상 반복되는 어휘, 그림으로 잘 설명된 어휘가 적절하다. 그리고 아이가 아는 어휘를 채택해도 좋다. 이때 중요한 건 아이의 긍정적 태도다. 알아야 할 어휘가 너무 많거나 어렵다고 생각되면 활동 자체를 거부하게 될 테니 말이다. 그림책을 보다가 설명이 충분하지 않은 어휘가 있더라도 그냥 넘어가자. 선택한 어휘를 카드로 만들어서 읽어주고 설명하면 된다. 그림 카드가 있으면 더없이 좋겠지만, 없다면 어휘만 써서 의미를 설명해주고 여러 번 소리 내는 정도라도 충분하다.

그림책은 가능하면 의성어와 의태어가 많고, 운율이 있어 노래를 부르듯 따라 읽을 수 있으며, 글이 많지 않아 부담 없이 읽을 수 있는 것이 좋다. 한국어 번역본을 먼저 읽고, 그림책 표지를 보면서 질문하고 예측하며, 자주 나오는 어휘를 미리 소개한 후에 본격적으로 읽어주자. 다음은 영어 그림책 읽어주기를 시작하기에 좋은, 더불어 아이의 영어 감각을 쑥쑥 자라게 해줄 책 목록이다.

- 『곰사냥을 떠나자(We're Going on a Bear Hunt)』
- 『안 돼, 데이빗!(No David!)』

- 『잘 자요, 달님(Goodnight Moon)』

- 『<티치(Titch)』

- 『깊은 밤 부엌에서(In the Night Kitchen)』

평생 공부력의 기반을 만드는 4~7세 신체 놀이

우리 아이를 더 공부를 열심히 하고 잘하는 아이로 키우고 싶다면 마지막으로 꼭 기억해야 할 매우 중요한 사실이 있다. 바로 신체 활동이 아이의 주의력과 자기 조절력, 그리고 직접적인 공부의 효과에 미치는 영향력이다.

미국 버몬트대 심리학과 교수 벳시 호자(Betsy Hoza) 연구팀은 8~10세 ADHD 아동을 대상으로 운동과 ADHD가 주의 집중에 있어 어떤 연관성이 나타나는지를 살폈다. 그 결과 아침마다 수업 직전에 유산소 운동 등 신체 활동을 실시한 집단은 운동을 하지 않은 집단에 비해 주의 집중이 크게 좋아졌으며, 억제 조절, 읽기와 수학 성능 또한 향상되었다.

영국 스털링대 연구팀이 평균 9세 학생 5,463명을 대상으로 한 연구에서도 학생들은 15분 동안 달리기를 하거나 신체 운동을 하고 나서 운동 직후와 20분 후에 각각 컴퓨터를 이용해 주의력과 집중력을 포함한 인지 능력을 검사했다. 그 결과 신체 운동을 한 학생들은 운동하지 않고 휴식을 취한 학생들보다 주의력과 집중력이 향상되었다. 다만, 운동 직후에는 유의미한 차이가 없어, 운동으로 인한 긍정적인 느낌이 이후의 주의력 향상에 도움이 되었다고 해석할 수도 있다. 또 다른 연구에서는 20분 동안 읽기를 한 집단과 20분 동안 러닝 머신에서 운동을 한 집단을 비교한 결과, 주의력과 읽기 능력, 수학 능력, 그리고 뇌파 측정에서도 운동했을 때의 점수가 더 높은 것으로 나타났다.

그런가 하면 국내의 한 연구에서도 달리기를 잘하고, 정적 균형감이 높고, 활동적인 놀이나 스포츠 활동에 참여하는 시간이 많은 아이일수록 자기 조절력이 높다는 사실을 확인했다. 또 많이 걷는 아이일수록 충동성이 낮게 나타났다는 연구 결과도 있다. 즉, 성장기의 아이들에게는 몸을 움직이는 신체 활동이 건강뿐만 아니라 자기 조절력과 주의력, 그리고 인지 능력의 향상과 직결되어 있다는 것이다. 앉아서 열심히 공부한다고 해서 주의력과 공부력이 향상되는 것이 아닌, 신체 활동이 더 크게 도움이 되었다는 사실에 주목해야 한다.

과거 1950년대 캐나다의 신경외과 의사 와일더 펜필드(Wilder Penfield)는 신체의 각 부위와 연결된 뇌의 영역을 몸의 면적으로 나타낸 '펜필드의 호문쿨루스(Homunculus of Penfield)'를 만들어 발표했다. 호문쿨루스는 라틴어로 '소형 인간'을 의미한다. 뇌의 신경과 신체 부위를 부피로 환산시켜 인형처럼 만든 것이다. 호문쿨루스는 손이 압도적으로 크고, 입과 혀, 귀, 코, 눈 등도 크다. 어린아이가 손으로 물건을 잡아 입으로 넣어 세상을 탐색하는 모습, 소리에 예민한 모습, 끊임없이 눈으로 바라보는 모습을 확인할 수 있다. 손과 연결된 신경 세포의 양이 가장 많다는 것은 손을 이용한 자극이 뇌에 큰 영향을 준다는 의미다. 그리고 입, 눈, 코, 귀 등 오감을 자극하는 활동이 아이의 뇌 발달을 위해서 필수적이라는 사실 또한 깨달을 수 있다.

학자들의 연구는 우리에게 매우 중요한 사실을 알려준다. 시

펜필드의 호문쿨루스.

각, 청각, 후각, 촉각, 미각의 오감은 감각 운동 신경을 자극하고 발달시켜 성인이 되어서도 성공적인 삶을 살아가는 데 더 많은 기회를 제공한다고 강조한다. 특히 손은 가장 크게 뇌 신경 발달에 영향을 미쳐 다양한 자극을 주면 줄수록, 활동을 하면 할수록 인지적·정서적·언어적 발달에 많은 영향을 준다는 사실도 확인할 수 있다. 그러므로 아이의 몸과 마음, 그리고 공부력의 성장을 위해서도 신체 활동은 선택이 아니라 필수 요소다.

코로나19로 바깥 활동이 많이 어려워졌다. 그럼에도 불구하고 4~7세 아이의 부모는 슬기로운 신체 활동을 위한 계획을 세우고 실행해야 한다. 사회적 안전 거리를 유지하면서도 아이가 하루 1~2시간의 신체 활동을 할 수 있는 공간과 시간을 찾아야 한다. 사람이 없는 시간의 동네 놀이터, 산책길, 공원 등 틈새 공간과 시간을 찾아 마치 게릴라 작전을 펴듯 그렇게라도 아이의 활발한 신체 놀이가 가능하도록 도와주면 좋겠다.

4~7세는 대근육과 소근육 발달의 결정적 시기다. 민첩성과 협응력, 그리고 균형 감각의 약 60%가 이 시기에 형성된다. 그렇기 때문에 걷고 달리고 공을 던지고 받으며 즐겁게 뛰노는 대근육 놀이가 매끼 식사처럼 충분히 제공되어야 한다. 물건 들어서 옮기기, 놀이터에서 뛰어놀며 놀이기구 타기, 음악에 맞춰 춤추기, 계단 오르내리기, 역할놀이, 나무에 물 주기, 심부름하기 등 여러

활동을 마음껏 할 수 있게 환경을 조성해줘야 한다. 더불어 다양한 손동작을 할 수 있는 소근육 놀이도 아이의 발달과 공부력을 위해 너무나도 중요하다. 종이접기, 오리기, 그림 그리기. 색칠하기, 풀칠하기, 글자 쓰기, 숟가락·젓가락질, 찰흙 놀이, 블록 놀이, 자석 놀이, 뜨개질하기 등 소근육 활동은 많이 할수록 좋다. 이런 활동은 시각과 운동 협응, 청각 운동 협응 능력의 발달에 긍정적인 영향을 미치며, 민첩한 처리 속도의 발달 또한 얻는다는 사실을 기억하자.

아이가 공부를 시작한다. 슬기로운 공부 생활은 결코 어렵고 힘든 길이 아님을 기억하면 좋겠다. 사랑하는 우리 아이가 즐겁게 놀고, 신나게 달리며, 집중하고 몰입하는 과정에서 많은 것을 배우고 깨닫는다. 그렇게 빛나게 성장해가도록 지혜롭게 도와주는 부모가 되기 바란다.

아이의 정서와 인지 발달을 키우는 결정적 시기

4~7세보다 중요한 시기는 없습니다

초판 1쇄 발행 2021년 8월 2일
초판 22쇄 발행 2024년 8월 12일

지은이 이임숙
펴낸이 민혜영
펴낸곳 (주)카시오페아
주소 서울 마포구 월드컵로 14길 56, 3~5층
전화 02-303-5580 | **팩스** 02-2179-8768
홈페이지 www.cassiopeiabook.com | **전자우편** editor@cassiopeiabook.com
출판등록 2012년 12월 27일 제2014-000277호

ⓒ이임숙, 2021
ISBN 979-11-90776-82-0 03590